한국 국방의 파괴적 혁신
국방 문민화와 核 평화

한국 국방의 파괴적 혁신

국방 문민화와 核 평화

이정용 지음

다산글방

| 프롤로그 |

역사는 반복되는 것인가?

작금의 한반도 상황은 흔히 19세기 구한말의 동북아 정세에 비견된다. 당시와 다르다면 지금의 한반도는 분단되어 있고 북한은 핵무기 보유국이다. 미·중·일·러 4개국은 여전히 강대국이다. 한국과 일본만 빼고 주변국 모두 핵 강국이다. 한국과 일본도 미국의 핵우산 아래 들어가 있으므로 사실상 핵과 관련이 없다고 할 수 없다. 문제는 유사 이래 최강 성세를 구가하고 있는 한국이지만 핵이 없다 보니 북한의 위협에 끊임없이 휘둘리고 있다. 그러다 보니 미국에의 안보 의존도는 갈수록 커지는 지경이다. 이렇게 취약한 안보 악순환 상황이 계속되다 보니 최근에는 국민들 사이에 우리 한국도 독자적 핵무장이 필요하다는 주장이 꾸준히 늘고 있다.

최근 미국에는 미치광이를 자처하고 여전히 "America First"를 외치는 트럼프 대통령 행정부가 다시 돌아왔다. 북한군의 우크라이나 전쟁 참전으로 북한과 러시아의 관계는 군사동맹 이상으로 밀접한 관계로 발전하고 있다. 그렇지 않아도 북중러 vs. 한미일 대립 구도가 격화되고 있던 터에 이제 동북아는 완전한 신냉전 구도로 돌입했다고 해도 과언이 아니다. 그런데 이 중차대한 시기에 한국에서는 생각지도 못했던 윤석열 대통령의 '12·3 비상계엄' 선포가 있었다. 정상적인 국정 메커니즘이 운영되고 있어도 대처가 어려운 상황인데 비상계엄 선포로 한순간에 국정이 나락에 빠져버리는 위기를 맞았다.

그야말로 더할 나위 없이 복잡해진 최근의 안보 상황에 대처하기 위해서 우리는 당면한 **최대 안보 현안** 두 가지에 대한 답을 찾아야 하게 되었다. **첫째**, 윤석열 대통령과 일부 군부세력의 동조로 비극으로 치달은 '12·3 비상계엄'과 같은 상황이 다시는 발생하지 않도록 하는 예방책을 마련해야 한다. **둘째**, 북한의 핵 위협에 대응하여 우리도 자체적으로 핵무장을 하여 핵 균형을 이루어야 한다는 국민적 요구에 답해야 한다. 필자는 33년 국방공무원 여정을 이 두 가지 질문과 함께해온 경험을 바탕으로 용기를 내어 나름의 해법을 제시해 보고자 한다.

우선 **제1부**에서는 군에 대한 문민통제를 상징하는 **국방 문민화에 대한 견해**를 책에 담았다. 엄청난 무력을 보유한 군이 자칫 군만의 이익에 매몰되지 않고 국민의 선출된 권력의 명령에 따르도록 하는 문민통제 문제는 우리나라뿐만이 아니라 모든 나라에 공통되는 문제이다. 최근 한국의 12·3 비상계엄은 대통령이 직접 개입하여 군 주도의 쿠데타의 경우와는 상황이 좀 복잡하게 전개되었지만 출신을 같이하는 현직 국방부 장관과 육군 지휘부가 깊이 연루되어 있어 국방 문민화의 논구 대상으로 보기에는 충분해 보인다.

국방 문민화와 관련해서는 12·3 비상계엄 사태 이후 벌써 많은 의견들이 제기되고 있다. 언론과 일부 학자들로부터 시작해서 심지어는 꽤나 많은 군 출신들도 국방 문민화에 대해서 나름의 의견을 피력해 오고 있다. 대부분의 논지가 이제는 국방부 장관을 직업군인 출신이 아닌 민간 출신을 임명하자는 것이다. 그렇게 함으로써 이번 비상계엄과 같은 위헌적이고 불법적인 일에 다시는 군이 동조하거나 동원될 사태를 원천적으로 예방하자는 데 뜻을 같이 하고 있다.

필자도 1987년 국방부에 입부하여 2019년 방위사업청에서 퇴직하기 전까지 국방 문민화의 필요성을 꾸준히 설파해 왔다. 2009년 국방부 총무과장(운영지원과장) 재임 시에는 『국방공무원 경쟁력 강화방안』이란 제목으로 사실상 국방 문민화에 대한 연구용역을 진행하기도 하였다. 하지만 당시의 국방 사이드는 국방 문민화에 대해서 거의 관심이 없었다. 불행하게도 국민들 사이에서도 국방 문민화에 대한 호응이 그렇게 크지 않았다. 6·25 전쟁을 경험하고 북한의 위협이 끊이지 않는 상황이 계속되다 보니 국방부 장관은 군사전문가여야 한다고 생각하기 일쑤였다. 이러던 국방 문민화가 드디어 때를 맞았다. 필자도 이제 본서에 국방 문민화에 대한 생각을 자신 있게 담을 수 있으니 감개가 무량하다.

군에 대한 문민통제 패러다임은 역사에 따라 배경과 운영이 다르면서도 여러 선진국에서 폭넓게 자리 잡고 있다. 우리도 기본적인 정부 조직체계나 구조상으로는 선진국들과 별반 다르지 않다. 그런데 왜 최근의 비상계엄과 같은 엄청난 사태가 발생한 것인가? 그래서 선진국의 국방 문민화와 우리의 차이점을 구체적으로 분석하여 우리에게 필요한 실효적인 대안을 제시해 보고자 한다. 논지 전개 순서는 우선 **제1장**에서 군사력이란 물리력을 가진 군에 대한 문민통제가 제대로 작동할 수 있도록 **문민통제 개념을 재정립**하고, 계엄법도 시대에 맞게 개정을 추진하며, 대통령실 안보실의 문민화도 역시 중요함을 강조한다. 제2장에서는 **국방부 장관 문민화가 군 바로 세우기의 첩경임**을 알리고, 국방부 본부 문민화와 방위사업청 문민화의 중요성도 설파한다.

제2부는 북한 핵 문제와 관련한 평화적인 해법을 제시한다. 트럼프 대통령은 2025년 1월 20일 거행된 취임식 당일에도 북한의 지도자 김정은을 '핵 파워(Nuclear Power)'라고 지칭하고 두 사람 사이의 친분을 강조하기까지 하였다. 사실 트럼프 1기 행정부 때의 미·북 관계가 썩 개운치만은 않다. 트럼프와 김정은의 세계적 TV Show로 진행되다가 결과도 없이 끝나고 말았다. 앞으로 한국에 어떤 정부가 들어서더라도 과거와 같은 상황이 반복되지 말란 법이 없다. 따라서 이제는 우리 나름의 핵정책을 가지고 북한 핵 문

제를 주도적으로 해결해 나가야 한다. 이를 위한 방안으로 '**한반도 核 군비통제 Process**'를 제안한다.

'한반도 核 군비통제 Process'는 비현실적인 북한의 비핵화(非核化)를 벗어나서 한반도상의 핵 문제를 중심의제로 다루되, 당사자 간 핵 대화에 한국이 주도적으로 참여하는 핵 군비통제협상 추진 과정을 말한다. 여기서 '한반도 核 군비통제 Process'가 최종적으로 목표하는 것은 '한반도 核 평화지대화' 실현이다. '한반도 核 평화지대화'는 한반도에 핵무기가 존재하더라도 사용되지 못하도록 제도화하고 관리하는 것이다. 이를 위해 우선 북한 핵 질곡을 벗어나기 위하여 한국도 독자적인 핵 정책을 보유하고, 남북 간 핵 군비통제협상을 추진한다. 다음으로 한국은 핵을 보유하되 사용하지 않을 것임을 명백히 하고, 최종 목표인 '한반도 核 평화지대화' 실현을 추진해 나간다.

한국은 핵보유국이 아닌데 무슨 얼토당토않은 핵 군비통제냐는 지적이 있을 수 있다. 그러나 한국은 이미 북한 핵 문제와 관련하여 여러 가지 형태의 핵 군비통제 회담을 가진 경험이 있다. 남북은 일찍이 1992년에 '한반도非核化공동선언'을 발표한 바 있다. 1994년 미·북 제네바기본합의서(Geneva Agreed Framework)도 북핵문제를 다루었고, 남·북·미·일·중·러 6자 회담도 북핵 관련 군비통제 협상이었다. 트럼프 1기 행정부에서 진행된 미·북정상회담도 결국은 한반도상 북핵문제와 관련된 핵 군비통제협상의 하나에 다름 아니다.

그럼에도 불구하고 '한반도 核 군비통제 Process'는 생각만 해도 지난하기 이를 데 없는 길이다. 지금도 복잡하기만 한 안보 상황에서 한국이 독자적인 핵 정책을 갖고 핵 무장에도 나설 수 있다고 선언하면 한반도에는 그야말로 감당할 수 없을 정도의 거친

회오리가 몰아칠 것이다. 북한은 물론이고 트럼프 대통령을 위시한 미국 조야와 일·중·러로부터 어떻게 협력을 얻어낼 것인지 두려움이 앞선다. 이러한 문제에 대한 대응책의 일환을 이 책에서 엿볼 수 있을 것이다.

끝으로 본서 말미에는 필자의 방위사업청 근무 경험을 살려 우리 방위산업 경쟁력 증진에 도움이 될 수 있는 방위사업 인프라 강화를 위한 견해를 담아 보았다. 방사청이 한국형 3축 체제에 추가하여 제4축으로서의 역할을 수행하여 청 역할을 제고할 수 있기를 기대한다. 아울러 특별하게 소개하고 싶은 사례로 방위사업청 국제계약부장 재임 시 수행하였던 대형수송기(C-130J) 국외도입 시 가격협상 경험을 백서 형식으로 담았다. 당시 협상으로 일궈낸 예산 절감 성과는 그야말로 전무후무하다. 또 하나는 방위사업청 방산진흥국장 재직 시에 있었던 미국에 대한 고등훈련기 수출사업

(일명 APT사업) 실패에 대한 교훈 사례다. 이 외에도 추가로 몇 가지 경험 사례를 담았는데 국가적 방위사업과 방산수출 전선에서 우리가 어떻게 임해야 할까 하는 데 대한 나름의 생각을 정리해 보았다.

모자라는 견해를 책자에 담으려 하니 두려움이 앞선다. 부디 보는 분들의 인내와 아량을 기대할 뿐이다.

2025년 2월
밝은 한 해를 그리며
이정용

제1부 국방 문민화, 드디어 때를 만나다 ─────── 19

제1장 문민통제 개념 재정립과 용산 문민화 ········· 21

1. 12·3 비상계엄의 참극 ··· 21
2. 군에 대한 문민통제 개념 재정립 ··· 24
3. 세월호 참사로 드러난 군사 안보전략가의 한계 ··· 31
4. 용산 안보실 문민화 : 안보전략 수립 및 운영 체제 문민화 ··· 33
5. 백척간두 육사 정체성 ··· 36

제2장 절대 명제 국방 문민화 ──────────── 41

1. 전쟁은 너무 중요해서 군인들에게만 맡길 수 없다 ··· 43
2. 국방부 장관 문민화가 군 바로 세우기 첩경 ··· 47
3. 국방부 문민화 ··· 57
4. 국방부 차관 의전 서열 논란 ··· 62
5. 방위사업청 문민화 ··· 66

제2부 한반도 核 평화를 위한 도전 ─────── 71

제1장 북한과 대화의 문을 열라 ──────── 73

  1. 포용이 키워준 북한 핵 주먹 … 75
  2. 덤터기만 써온 구경꾼 비핵화(非核化) … 83
  3. 헛발질 종전선언 … 91
  4. 세계적 스타가 된 김정은 … 94
  5. 대화로 남북경색 풀어야 … 100

제2장 북핵 해법 : 한반도 核 군비통제 Process ─── 107

  1. 서울이 핵 공격을 받으면 어떤 일이 발생하는가? … 110
  2. 한반도 비핵화 vs. 북한 비핵화 … 115
  3. 북핵을 머리에 이고도 편히 잠들 수 있어야 … 119
  4. 사례를 통해서 보는 한반도 核 군비통제 역사 … 125

제3장 한반도 核 군비통제 추진 전략 ──────── 153

  1. 북한 核 질곡 벗어나기 … 155
  2. 남북 간 核 군비통제 추진 … 162
  3. 보유하되 사용하지 않는다 … 166
  4. 최종 목표는 한반도 核 평화지대화 실현 … 171

차례

제3부 방위사업 인프라(Infra) 강화 전략 —————— 177

제1장 방위사업청 역할 제고 ————————— 179

1. 한국형 제4축 역할 수행 … 180
2. 방산수출의 견인차 … 184

제2장 대형수송기 C-130J 국외도입협상 백서 ——— 193

1. Agent를 배제한 LM과의 직접협상 … 195
2. 사업관리본부 IPT의 가격협상 참여 배제 … 198
3. 공군의 전력화 중압감 극복 … 200
4. 천안함 피격 사건 영향의 전략적 활용 … 204

제3장 APT사업 실패의 쓰라린 기억 ——————— 209

1. 한국 항공산업 발전 TF 출범 … 210
2. 허공에 날려버린 100조 방산수출 기회 … 213
3. 무개념 정부 당국자 … 219

제4장 세계가 좁았다 : 할 일은 많고 세상은 넓다 ···· 223

1. 역대 최대 방산수출 2개년 연속 달성 ··· 224
2. 印尼·페루 국방현대화전략 지원 구상 ··· 226
3. '방위산업 발전 2030' 유감 ··· 229

제5장 영웅들과 함께한 방사청 지뢰밭 ···· 233

1. 우리들의 영웅 ··· 234
2. 장독대 : 장비물자부의 똑소리 나는 정책 대안 ··· 236
3. 행복 담당관 ··· 237
4. 군수품 선택계약제도 ··· 239

제6장 Business Friendly ···· 243

1. 국방조달 참여 환경 개선 ··· 244
2. 방위사업청 4차 산업혁명 추진 전략 ··· 246

제1부

국방 문민화, 드디어 때를 만나다

세상에 21세기 대명천지 대한민국에 비상계엄이라니? 저녁 때 인터넷 기사 검색 중에 갑작스런 뉴스에 부리나케 TV화면으로 달려갔다. 윤석열 대통령이 보이고 비상계엄을 운위하면서 단호하게 척결과 처단을 외치는 모습에 아연실색하지 않을 수 없었다. 곧 이어서는 특전 요원으로 보이는 군 병력이 국회의사당에 진입하는 모습이 여과 없이 비추어졌다.

선진국 입성을 목전에 앞둔 우리나라에 12·3 비상계엄과 같은 비극적 참사가 빚어질 것이라고는 상상조차 하지 못했다. 김영삼 대통령이 정부 브랜드 자체를 '문민정부'라 하고 전격적으로 하나회를 척결함으로써 이제 군부 쿠데타의 망령은 이 땅에서 사라진 줄 알았다. 간혹 가다 들려오는 국방 문민화에 대한 외침은 북한 위협을 앞세우는 주장에 철없는 민간인의 헛소리로 잠재워질 뿐이었다. 그러나 이제는 12·3 비상계엄 같은 상황이 다시는 일어나지 않도록 국방 문민화를 실현해 나가야 할 때가 되었다.

제1장

문민통제 개념 재정립과 용산 문민화

1. 12·3 비상계엄의 참극

2024년 12월 3일 오후 10시 28분 윤석열 대통령이 긴급담화를 통해 비상계엄을 선포하였다. 윤 대통령은 "우리 국민의 자유와 행복을 약탈하고 있는 파렴치한 종북 반국가세력을 일거에 척결하고, 자유 헌정질서를 지키기 위해 비상계엄을 선포한다"고 강변하였다. 그제야 윤석열 대통령의 그간의 행태가 이해가 되었다. 집권 이후 정치의 본연인 야당과 동반자적 관점이 아니라 전혀 대화의 노력을 하지 않는 것을 이상하게 생각했었다. 또 대통령이 국민에게 충성하는 것 같지가 않고 이상하게 가족과 일부 집단에 편향된 것 아닌가 하는 우려가 있었는데 이것이 사실로 확인되는 순간이었다.

정치지도자들의 거짓부렁에 실망하여 "저는 사람에게 충성하지 않습니다"라는 한마디에 매료되어 그를 국정의 최고지도자로 선택하는 것을 주저하지 않았다. 그런데… 그런데… 난데없는 비상계엄이라니? 힘없는 평범한 한 시민으로서도 너무나 어처구니가 없고 참담하기 이를 데 없다.

비상계엄과 관련해서는 헌법 제77조 1항에서 "대통령은 전시·사변 또는 이에 준하는 국가비상사태에 있어서 병력으로써 군사상의 필요에 응하거나 공공의 안녕질서를 유지할 필요가 있을 때에는 계엄을 선포할 수 있다"고 하고 3항에서 "비상계엄이 선포된 때에는 법률이 정하는 바에 의하여 영장제도, 언론·출판·집회·결사의 자유, 정부나 법원의 권한에 관하여 특별한 조치를 할 수 있다"고 규정하고 있다.

계엄도 비상계엄이 되다 보니 자연스럽게 군이 등장하였다. 군 중에서도 가장 병력이 많은 육군과 육군 출신 국방부 장관이 클로즈업되었다. 김용현 국방부 장관은 대통령의 고교 1년 선배로 경호처장을 하다가 몇 달 전에 국방부 장관으로 선임되어 찰떡 호흡을 맞춰온 것으로 알려져 있다. 공무원 생활 33년 중에 22년을 국방부에서 그리고 나머지 10년여도 방사청에서 일하여 공직의 거의 모든 기간을 국방 분야에 몸담았지만, 김용현 국방부 장관과 일부 육군 수뇌부가 윤대통령의 비상계엄 조치에 궤를 같이한 데 대해서는 결코 공감이 되지 않는다. 그야말로 5,000년 역사 중에 최고로 욱일승천의 기세를 달리고 있는 나라의 성장세를 일거에 50년 이상 퇴보시키는 너무나 무참하고 무지막지한 못된 짓에 어떻게 공감할 수 있겠는가?

30년 전 영국에서 유학을 시작한 이후 곧이어 고국에서 발생한 삼풍백화점과 성수대교 붕괴사태에 그곳 사람들에게 얼마나 창피하고 낯뜨거웠는지 모른다. 툭하면 TV화면에 등장하는 한국 시위 현장의 최루가스와 진압봉의 모습에 대해서도 할 말을 잃기가 십상이었다. 하지만 한편으로는 한국의 비약적인 산업 발전과 성장하는 민주주의에 대한 자랑으로 영국 사람들에게도 결코 기죽지 않고 유학생활을 보냈다. 그런데 아프리카나 남미 어느 나라에서나 볼 법한 친위 쿠데타성 비상계엄 선포라니 도대체 대통령이란 사람이 제정신인지 자체가 의심스러울 수밖에 없다. 다행히 우리의 민주주의 제도가 성숙해 있고 국회가 깨어 있었다. 즉각적인 국회의 비상계엄 해제 요구 결의로 비상계엄은 선포 이후 6시간 만에 해제되었다.

2. 군에 대한 문민통제 개념 재정립

   한국의 대통령제에 대하여 입법부와 사법권을 압도하는 권력을 가진 제왕적 대통령제라는 분석들이 있다. 윤석열 대통령의 12·3 비상계엄 선포 사태에 비추어 볼 때 헌법을 비롯한 우리의 법체계가 대통령의 권한 행사를 과도하게 허용하고 있는 측면이 없지 않다. 윤대통령이 그렇게 무지막지하게 비상대권을 휘두를 수 있는 법체계에 대한 점검이 필요한 이유이다.

   군사력 사용을 전제로 하는 전쟁선포나 국내 위기상황 발생 시 법질서 유지를 위해 군 병력을 동원하는 데 있어서 선진국들과 비교하여 국회 동의를 비롯한 국회와의 협력절차를 다시 확립할 필요가 있다. 12·3 비상계엄의 근원은 윤 대통령이라 하겠지만 차후 대통령이 누가 되더라도 현재와 같이 대통령이 과도한 비상대권을 행사할 수 없도록 제도화할 필요가 있다. 그렇게 해야 대통령의 비상계엄 기도를 조장하거나 부화뇌동 또는 방치한 일부 군인들의 위법적 행태도 방지할 수 있다.

역사 초기부터 군에 대한 관리감독을 강화하여 문민통제의 원칙을 확립해온 미국은 헌법 제1조에서 전쟁선포 권한을 미 의회에 부여하고 있다. 또한 'The Posse Comitatus Act'(1878년)는 연방군대를 국내 법질서 유지에 사용하는 것을 엄격히 제한하고 있다.

미국 역사상 가장 큰 자연재해 중의 하나로 기록된 2005년 '카트리나 허리케인'에 대응하는 과정에서 미 연방정부와 주정부간의 협력 부족과 지연 대응이 큰 비판을 받았다. 이에 부시 대통령 행정부는 연방군대의 투입 시 의회의 명시적 허가를 규정하고 있는 'The Posse Comitatus Act'에 대하여 국가적 위기상황에서 연방군대를 신속히 투입할 수 있도록 하는 법 개정을 제안하였다. 그러나 루이지애나를 비롯한 일부 주지사들은 'The Posse Comitatus Act'가 주 정부의 권한을 보호하는 중요한 법이며, 카트리나 사태 시 연방군대의 개입이 늦어진 것은 법적인 문제보다 연방정부의 행정적 비효율성 때문이라고 주장하였다.

이러한 논란으로 'The Posse Comitatus Act'는 직접 개정되지는 않았고 연방정부의 재난 대응체계를 개선하기 위한 여러 조치가 강구되었다. 우선 부시 행정부는 국가적 재난 상황에서 연방정부가 주정부의 동의 없이도 군대를 동원할 수 있는 법적근거를 마련하기 위해 반란법(Insurrection Act, 1807년)을 개정하였다. 'The Posse Comitatus Act'의 예외 규정이라고 할 수 있는 기존 반란법은 반란, 내란, 폭동 등 긴급 상황에서만 연방정부의 군대 사용을 허용하고 있었다. 이를 개정법에서는 대규모 자연재해, 전염병, 테러 등에도 군대를 동원할 수 있도록 상황을 확장한 것이다. 아울러 이러한 국가적 재난과 위기 상황에서는 연방정부가 주정부의 요청이 없어도 군대를 동원할 수 있도록 하였다.

그러나 부시 행정부의 이러한 법 개정은 미국 조야를 초월한 주지사들의 반발이 이어지면서 반란법 개정 내용이 2008년에 철회되는 상황을 맞게 된다. 개정법이 주정부의 헌법적 권한을 약화시키는 것이고 연방정부가 군사력 사용 권한을 남용할 가능성 또한 없지 않는 등 오히려 개정법안이 연방정부와 주정부간의 신뢰를 약화시킬 우려가 크다는 것이었다. 2008년 미 의회는 국방수권법(National Defense Atuthorization Act)[1]에 포함된 조항을 통해 2006년 개정된 반란법의 내용을 철회하였다. 2008년 반란법 개정 철회는

---

1) 국방수권법(National Defense Atuthorization Act, NDAA)과 반란법(Insurrection Act)은 서로 다른 법이지만 미 의회는 국방수권법을 통해 반란법과 같은 기존 법률의 조항을 개정하거나 수정할 수 있다. 국방수권법은 매년 미 의회에서 통과되는 법률로 국방관련 예산과 정책을 규율하며 새로운 국방정책을 제정하거나 기존 법률(예 : Insurrection Act)를 수정하는 데 사용된다.

미국 대통령과 행정부가 연방군대를 동원하는 데 있어서 얼마나 철저히 문민통제의 원칙을 지켜야 하는가에 대한 인식을 다시 한 번 환기시켰다.

우리 헌법 제77조 1항은 "대통령은 전시·사변 또는 이에 준하는 국가비상사태에 있어서 병력으로써 군사상의 필요에 응하거나 공공의 안녕질서를 유지할 필요가 있을 때에는 법률이 정하는 바에 의하여 계엄을 선포할 수 있다"고 규정하고 있다. 다만, 대통령이 선포한 비상계엄은 국회가 해제시킬 수 있다. 절차적으로는 헌법 제77조 4항에서 "대통령이 계엄을 선포할 경우 지체 없이 국회에 이를 통고하여야 한다"고 하고 있으며, 5항은 "국회가 재적의원 과반수 찬성으로 계엄의 해제를 요구한 때에는 대통령은 이를 해제해야 한다"고 하고 있다.

헌법 제89조 제5호와 계엄법 제2조 5항에서 "대통령이 계엄을 선포하고자 할 때에는 국무회의 심의를 거쳐야 한다"고 규정하고 있기는 하지만 대통령제하에서 국무회의에 대통령의 군사력 행사를 통제하는 기능을 기대하기는 힘들다는 것이 중론이다. 12·3 비상계엄 선포 전에 실질적인 국무회의 심사가 이루어지지 못한 경우가 그 반증이다. 반면에 윤 대통령이 발령한 비상계엄 포고령(제1

호)은 도대체 작성자가 현실적 감각이 있는 것인지조차 의심스러울 정도로 내용이 조악하고 험악하기 이를 데 없다.

◆ 12·3 비상계엄 선포 시 포고령 제1호 주요 내용

- 국회, 지방의회, 정당의 정치활동 금지
- 국민의 정치적 결사, 집회, 시위 등 일체의 정치활동 금지
- 파업, 태업, 집회 행위 금지
- 모든 언론과 출판의 통제
- 전공의 등 의료인 48시간 내 미복귀 시 처단

인류의 역사는 일개인이나 한 집단에게 군사력 사용 전권을 부여한다면 12·3 비상계엄 사태와 같이 비극적인 상황이 언제든지 반복될 수 있다는 것을 보여줘 왔다. 다행히 12·3 비상계엄 이후 한국의 권력구조에 대한 논의가 매우 활발하다. 권력구조 변경이 이루어지려면 필수적으로 헌법 개정이 수반될 수밖에 없다. 대통령제가 유지되든 의원내각제나 다른 형태의 권력구조 개편이 이루어지든 전쟁선포와 군사력 사용에 대한 문민통제 장치가 재정립될 필요가 크다. 미국의 사례에서도 보았듯이 문민대통령이라 하더라

고 군사력에 대한 문민통제는 의회의 동의나 협력절차를 제도화하는 것이 바람직하다.

계엄법 역시도 1949년 제정 이래 총 11차례 개정을 해왔지만 일본 계엄령을 본 따고 있는 모습이 변화 없이 유지되고 있어 시대에 뒤떨어진다는 비판이 크다. 1981년 제1차 개정에서 기존의 계엄을 비상계엄과 경비계엄으로 구분하고 대통령이 국무회의 심의를 거쳐서 계엄을 선포하도록 개정하였고, 1997년 개정 시 계엄관련 손실보상절차를 반영한 것 외에 다른 개정에서는 용어 또는 표현 변경 수준에 그쳤다. 따라서 계엄법 역시도 문민통제가 확실히 지켜질 수 있도록 관련 규정이 정비되어야 한다.

국가적으로 위기관리체계가 정교하게 정비되어 있는 반면에 현행 법체계상 계엄의 발동요건이 너무 포괄적이고 추상적인 측면이 없지 않다. 이번 12·3 비상계엄 사태처럼 계엄선포권자의 자의적인 정치적 목적에 이용될 여지가 없도록 계엄 요건을 좀 더 구체화할 필요가 있다고 본다. 최근에 문재인 정부 국방부가 연구한 '계엄의 민주적 통제방안'이 필자의 주장과 궤를 같이하는 것이어서 그 내용을 간단히 소개한다.

◆ 계엄의 민주적 통제방안 연구

(처음헌법연구소, 문재인 정부 국방부 연구용역)[2]

- 계엄의 이념 신설 및 총 37개 조항 법 개정 제언
- 이념 : 계엄은 오직 헌법에 규정된 엄격한 요건에 해당되는 경우에 한해 제한적으로 선포돼야 하고 계엄을 실시함에 국민의 기본권 보장에 유의해야 한다.
- 계엄법 제2조 5항 개정
  - 현행 : 대통령이 계엄을 선포하거나 변경할 때에는 국무회의 심의를 거쳐야 한다.
  - 개정 : 대통령이 계엄을 선포하거나 변경할 때에는 국무회의의 심의 및 국회의장과의 협의를 거쳐야 한다.
- 계엄 시행 중 국회의 상시 개회 법제화
- 국회가 계엄 해제를 요구한 날로부터 15일 내에 대통령이 계엄을 해제하지 않는 경우, 국회의장이 계엄의 해제 공고.
- 그 외 법 개정 필요 내용
  ◇ 국회에 대한 보고 의무 신설
  ◇ 계엄 선포 시 국회가 폐회 중인 경우의 개회 간주 특례
  ◇ 계엄 선포 시 계엄의 시행기간 공고 신설
  ◇ 계엄사령관의 행정·사법기관 지휘·감독권 명확화 등

---

[2] v.daum.net, 뉴스1, 2025. 2. 1. "계엄 막을 수 있었다…文정부, 6년 전 '민주적 통제방안' 연구"

3. 세월호 참사로 드러난 군사 안보전략가의 한계

세월호 사건을 흔히 인재라고 한다. 국민들은 구할 수도 있었던 소중한 어린 생명들이 왜 차가운 바닷물에 수장되어야 했는지? 왜 국가가 그 정도 구조의 역할도 제대로 못했는지 아직도 의아해 하고 원통해 하고 있다. 지금까지 안전운항규정 미준수로부터 구조 대응조치의 미숙 등 많은 문제가 지적되고 등장하였지만, 아직 드러나지 않은 매우 중요한 비밀이 하나 있다. 그것은 바로 박근혜 정부의 국가안보전략 개념이 군사전략 개념 수준에 한정되어 있어서 국가적 재난 상황인 세월호 침몰 사태는 청와대 안보실의 소관 업무가 아니었다는 사실이다. 그래서 청와대에서는 비극적 상황을 뻔히 보면서도 그 어느 누구도 초기에 적극적 조치에 나서지 않았던 것이다.

국민들은 당시 국가안보실장의 "청와대는 세월호 사태의 Control Tower가 아니다"[3]라는 말에 분노하였으나, 그는 억울해했고

---

3) 이와 달리 그 전 참여정부에서는 포괄적 안보 개념에서 국가적 재난관리 문제도 국가 안보 개념에 포함시켰고 청와대 위기관리센터에서 조류독감 등의 대규모 전염병, 지하철 파업 등 국가 기간시설 마비 등 문제도 포괄적 국가안보 개념으로 관리하였다.

최순실 국정조사 청문회에서도 같은 주장을 펼쳐 국민적 공분을 다시 불러일으킨 바 있다. 그러나 이는 한 개인의 책임 문제가 아닌 국가안보 시스템과 관련된 문제이다. 아울러 2015년 메르스 사태나 2016년 조류독감 사태에서도 국가적 재난관리를 청와대와 대통령이 방기하는 사태가 계속되었다. 요컨대 세월호 참사는 박근혜 정권의 국가안보개념을 디자인한 군사전략가들에게는 군사작전 대상이 아니었기 때문에 제대로 된 국가적 도움의 손길이 뻗어지지 않았던 인재요 비극이 되었던 것이다.

군사전략 전문가들은 기본적으로 군사적 전문성에 기초하여 안보전략의 틀을 그렸을 것이고, 그런 측면에서 보면 사회적 재난이나 전염병과 같은 문제들은 청와대 안보실 관장 사항이 아니라고 판단하였을 것이다. 군사전략과 국가안보전략이 등치되어 버리기 십상이었을 것이다.

당시 청와대 안보실장은 취임 후 얼마 지나지 않아 한 언론인터뷰에서 "요즈음 집에도 들어가지 않고 청와대 인근 안가에서 숙식하면서 지낸다. 밤에도 혹시라도 대북상황이 발생할까 봐 잠을 못 이룬다. 꼭 소령급 상황 장교가 된 기분이다"라며 본인이 얼마나 국가를 위하여 노력하고 있는지 어려운 심정을 토로하였다.

필자는 이 얘기를 듣고 천하의 청와대 안보실장이 겨우 육군 소령 수준의 마인드로 국가안보를 책임지고 있는 것 아닌가 하는 우려가 컸다. 나라의 생존과 운명을 걸고 국가안보 대전략을 고민하느라 불철주야 애써야 할 분이 너무 군사·지엽적인 일에 시간을 뺏기는 것은 아닌가 하는 걱정 아닌 걱정을 하기도 했다. 나는 개인적으로는 당시 안보실장의 훌륭한 인품과 뛰어난 군사 전문성을 존경하는 마음이 크다. 그러나 국가의 안보 대전략을 다루는 대통령실 안보실장의 역할에 대한 기대와 평가는 국가안보 수호 차원에서 별개의 잣대로 이루어지는 게 바람직하다는 생각이다.

4. 용산 안보실 문민화
: 안보 전략 수립 및 운영 체제 문민화

비극적이고 위헌적인 12·3 비상계엄 선포 언저리에 드리운 또 하나의 어두운 그림자로 용산 대통령실 안보실의 역할을 살펴보지 않을 수 없다. 비상계엄이 윤석열 대통령의 철학과 의지에서 비롯되었을지언정 이러한 일을 대통령 혼자 기획하고 저질렀을 것이라고 생각하는 사람은 없을 것이다. 우선 소위 '충암파'로 등장하는 김용현 前국방부 장관부터 여인형 前방첩사령관 등이 윤 대통령과 함께 하였던 것은 잘 알려진 바와 같다. 그러나 아직까지 대통령의 최측근 안보 참모인 대통령실 안보실 주요 참모들에 대해서는 확실한 민낯이 드러나지 않고 있다.

최근 여러 정권에 걸쳐서 대통령 안보실 안보실장과 주요 보직에 군 출신들이 많이 보임되어 왔다. 12·3 비상계엄 당시에도 대통령을 보좌하는 안보실장, 안보실 2차장과 국방비서관에는 군인 출신 또는 현직 군인이 재직하고 있었다. 대통령실 안보실은 국가의 생존을 담보하는 안보 대전략을 수립하고 정부 안보부처와 기관들의 운영 방향성을 제시하는 역할을 한다. 나아가서 큰 틀에서는 안보 관련 정부 부처들을 관리한다고까지 볼 수 있는 그야말로 우리나라 안보의 핵심축이다. 이렇게 중요한 안보의 핵심 축선에 바로 엊그제 군복무를 마쳤거나 군복무 외에는 다른 사회적 경험이 없는 군사적 전문성에 치우친 인사들이 대통령 안보실장으로서 또는 1차장이나 2차장으로 대통령을 보좌하기 일쑤였다. 아무래도 이러한 인사들이 남북 관계는 물론 국제적 정치·경제를 포괄하는 안보적 측면에서 대통령을 효율적으로 보좌하는 것은 한계가 있지 않을까 하는 생각이 든다.

그런데 우리나라에서는 이러한 일이 아무 의심 없이 번번이 이루어져 왔다. 최근에도 국방부 장관 출신이 안보실장으로 일한 경우만 해도 김장수, 김관진, 신원식 등 쉽게 기억할 수 있다. 이들의 군사적 안보적 식견이 무지하다고 하는 것이 아니다. 그러나 사람은 자신의 경험과 이를 통해 쌓여진 전문성에 치우치기 마련이다. 평생을 군에서 적과 싸워 이기기 위하여 전술 전기를 연마하고 군사 전문성을 키워 온 이들이 아닌가. 이들은 대부분 군사령관, 국방부 장관의 연속성에서 안보실장 역할도 수행을 해오지 않았나 싶다. 일부 대통령은 가장 큰 무력집단인 군을 통제하고 관리하는 측면에서 군 출신 안보실장을 등용하지 않았나 싶다. 뭐든지 이해가 공존하니 안보실장 같이 중요한 자리에 군 출신을 등용하였을 것이다.

그러나 앞으로는 대통령을 지근에서 보좌하면서 우리나라 안보정책에 가장 큰 영향을 미칠 수밖에 없는 대통령실 안보실장은 민간 안보전략 전문가가 보임되어야 하는 게 맞다고 본다. 그리하여 국가안보전략이 단순한 군사전략과 작전개념에 한정되지 않도록 하고 군사작전이 국가안보전략으로 등치화되는 현상을 방지하여야 한다.

여태까지는 일부 국민들 사이에서도 과거 군사정권이 툭하면들이대 온 북한의 군사적 위협 운운에 세뇌되어, 안보하면 군 출신이라고 생각하고 선호하는 경우가 없지 않았다. 그러나 작금의 세계는 군사전략에 치중하는 지정학적 안보전략을 넘어서서 경제와 통상적 측면은 물론이고 첨단 과학기술 영역까지도 고려가 필요한 상황이 되었다. 따라서 이제는 대통령실 안보실 구성 인력을 균형 잡힌 시각을 가진 민간 전문가로 고루 편성할 것을 제안한다. 특히 이번 윤석열 대통령의 비상계엄 선포사태를 교훈삼아 군 출신은 아무리 유능한 인사라 하더라도 전역 후 상당 기간의 민간 경험을 해본 사람이 보임되도록 하는 것이 바람직하다. 요컨대 다음 정부에서는 '대통령 안보실 문민화' 문제가 '국방부 장관 문민화'나 '국방부 문민화' 못지않게 중요한 과제로 검토되기를 기대해 본다.

5. 백척간두 육사 정체성

구국의 간성 육군사관학교(이하 육사)가 백척간두의 정체성 위기를 맞고 있다. 육사에 관한 논란이 어제 오늘의 일이 아니지만 최근 12·3 비상계엄 사태 이후에 급속히 일고 있는 비판적 분위기는 여느 때와는 차원이 다른 양상을 보이고 있다. 교육시스템 개선 정도를 넘어 육·해·공 3군 사관학교 통폐합을 비롯해서 심지어는 육사 폐교까지 주장하는 경우로까지 치닫고 있다. 자식을 가진 입장에서 현재 재학중인 육사 생도들에게 얼마나 큰 충격으로 다가가고 있을까하는 안타까운 심정도 크다. 그러나 한국 사회에서 육사와 관련되어 비롯된 문제들이 개인적인 차원을 넘어서 사회적으로 너무나 큰 파장을 일으켜 왔던 사안들이기 때문에 이제는 제대로 육사에 관한 문제를 짚고 넘어가지 않을 수 없다.

육사는 1945년 12월 군사영어학교로 시작하여 1948년 육군사관학교로 개칭하고 1951년 한국전쟁 중에 정규 4년제로 발전하여 1955년 10월 4년제 첫 졸업생을 배출하였다. 지금까지 육사 출신 대통령만 해도 박정희, 전두환, 노태우 등 3명이다. 세 사람이 집권한 기간을 합산하면 총 30년에 이른다. 1945년 해방 이후 현재까지 80년사에 1/3 이상을 육사 출신 대통령이 집권하였으니 육사가 우리 사회에 가지고 있던 영향력을 상상해 볼 수 있다.

그러나 김영삼 대통령이 집권하여 '문민정부'를 표방하고 전격적으로 '하나회'를 척결한 이후에는 군의 영향력이 급격히 퇴조하고 우리 사회에서 군사 쿠데타의 망령은 사라진 줄 알았다. 국민들의 군에 대한 애정도 점차 커져가고 있었다. 그런데 난데없는 12·3 비상계엄은 국민들에게 과거 군사정권의 악몽과 폐해에 대한 기억을 다시 불러 일으키고 말았다. 아니 21세기 대명천지에 비상계엄이라니? 위헌적인 비상계엄에 동조하거나 추종하고 민의의 전당인 국회의사당에 난입한 군대를 지휘한 주요 인물들이 주로 육사 출신이라는 대목에서 국민들은 좌절하고 육사에 매서운 회초리를 들 것을 요구하고 있다. 최근에는 군사 쿠데타 방지를 주제로 하는 세미나가 여기 저기서 개최되고 있고 '쿠데타 DNA의 발호'나 '쿠데타 DNA 제거' 같은 표현과 주장들까지 등장하고 있다.

문제는 이러한 심각한 상황이 모두 육사와 관련되어 있다는 데 있다. 그리고 육사가 처한 이 절체절명의 위기 수준은 육사에게만 맡겨서 해결될 수준을 넘어섰다. 국가적으로 전 사회적으로 육사 문제에 관심을 갖고 개선 방안을 찾아보아야 한다. 이러한 측면에서 다음 몇 가지 발전책을 제시하고자 한다.

첫째로는 무엇보다도 교육 과정과 교육 내용 체계 재정립이 요구된다. 육사 등 사관학교 교과 과정이 정권에 따라 또는 교장에 따라 바뀌지 않도록 균형된 시각을 가진 인사들로 구성된 가칭『사관학교 교육과정 설치 및 운영위원회』를 구성할 것을 제안한다. 이 위원회에서 1) 우리나라의 헌법 교육을 심화하고 민주사회에서의 민군관계와 군의 역할 등에 대한 교육 과정을 설치하고 2) 민군협력 및 시민 사회 연계프로그램을 도입하여 생도들이 군 내부뿐만 아니라 시민사회와의 교류를 통해 다양한 시각을 접할 기회를 마련해 주고 3) 해외 선진 민주국가 군대(예 : 미국 웨스트포인트, 독일 연방방위군사학교)와의 재학 중 교류를 활성화하는 등 대한민국의 사관생도로서 민주주의적 가치를 존중하는 리더로 성장할 수 있는 교육 토대를 마련해 줄 필요가 있다. 정부는 이 위원회가 교육상황을 주기적으로 점검하고 관리할 수 있도록 위원회의 설치와 운영에 관한 사항을 법제화하여 위원회의 독립성과 절차적 정당성을 보장해 주어야 할 것이다.

둘째로는 학교장과 교수진에 대한 관리 시스템 혁신이다. 우선 사관학교장을 현역 군인으로 보임하지 말고 군 전역후 최소한 5년 이상 지난 군 출신 인사를 학교장으로 보임하는 방안이다. 앞서도 살펴본 바와 같이 군사 전문성과 사회적 경험을 충분히 보유한 균형적인 시각을 갖춘 인사가 교장으로서의 역할을 하여 창창한 젊은 생도들이 군 이기주의에 빠지지 않고 민주 시민군대로 성장하도록 하는 데 향도 역할을 할 수 있게 하여야 한다고 본다. 또 하나는 학교장은 군 출신이 하더라도 부교장직을 신설하여 민간인 출신(예 : 대학교수, 외교관, 행정가 등)을 보임하여 민군의 균형을 꾀하는 경우도 생각해 볼 수 있다. 이와 병행하여 오래 전부터 제시되어 온 민간교수 채용 확대 문제는 시급히 추진되어야 할 사안이다.

셋째로는 해묵은 숙제이지만 매우 중요한 '고급장교와 장성 진출기회를 균형적으로 운용'해야 한다. 여기에는 항상 "닭이 먼저냐 달걀이 먼저냐"는 식의 논쟁이 따른다. 요컨대 사관학교 출신이 우수해서 상위직 진출비율이 높다는 주장과 사관학교 위주의 인사운영이 되다 보니까 ROTC, OCS 등 다른 출신들이 기회를 갖지 못하고 우수 인력들이 군에 남아 있지 않으려 한다는 논리가 맞선다. 이 문제는 대한민국에서 군대를 유지하는 한 계속될 숙제이지만 우리가 선진국을 지향한다면 출신 간의 균형인사의 의미를 절대 간과해서는 안된다. 특히 최근의 비상계엄 사태에서도 목도했지만 일부 성분이 같은 군 출신들의 집합으로 사회 기저 자체가 흔들릴 수도 있다는 측면에서 균형된 군 인사관리는 아무리 강조해도 지나치지 않다.

제2장

절대 명제 국방 문민화

2009년 4월 필자는 국방부 총무과장으로서 『국방부 공무원 경쟁력 강화방안 연구』라는 연구용역을 진행한 바 있다. 당시에는 이모 국방부 장관 체제에서 정권의 실세로 평가 받는 장모 국방부 차관이 막 새로 부임하여 국방부 혁신 방안 모색에 골몰하고 있던 때였다. 필자로서는 이미 구상하고 있던 혁신방안들을 실재화할 수 있는 기회로 여겨졌다. 그래서 차관께 국방 문민화를 요체로 하는 필자의 혁신방안 구상을 설명하고 연구용역 추진을 허락받았다. 연구는 빠른 결과 도출을 위해 1개월 한도를 두고 시작하였고 객관성을 도모하기 위해 국방연구원이 아닌 한국행정연구원에 위탁하였다.

아무래도 짧은 시간 내에 국방 문민화란 커다란 숙제를 소화해야 했기 때문에 필자가 직접 참여하여 거의 공동연구 수준으로 결과를 만들어 냈다. 선진국의 국방 민간인력 활용 현황을 분석하여 국방부 문민화 추진 과정에서 제기될 수 있는 전문성 부족 문제를 불식하고자 하였다. 이 또한 짧은 연구 기간에 효과를 거두기 위해 연구팀을 둘로 나누어 각기 미국과 유럽 출장을 수행하였다. 국방 문민통제 패러다임은 각국의 역사에 따라 배경과 운영이 다르면서도 여러 선진국에서 폭넓게 자리 잡고 있었다. 미국은 건국 초기부터 군에 대한 민간인 감시의 원칙을 천명하고 문민통제의 원칙을 지켜오고 있었다. 독일과 일본은 2차 세계대전의 전범국가로서 평화추구를 위한 문민통제 원칙이 지켜져 오고 있었다.

이러한 선진국들의 군에 대한 문민통제를 개념화하면 "국민의 다수의 대표인 대통령이나 총리 등 정부 수반이 군에 대한 통제권을 행사하고, 대통령이 임명한 국방부 장관이 군정·군령을 통합 지휘하며, 국방부의 주요 보조 및 보좌기관에 민간인을 보직하여 이들이 장관을 보좌하는 체계"라고 종합정리할 수 있겠다.

우리도 겉보기에는 정부 조직체계나 구조상으로는 이렇게 되어 있다. 그런데 왜 최근의 비상계엄과 같은 엄청난 사태가 일어나고 군이 이에 동조하는 문제가 다시 발생한 것인가? 여기에서 선진국의 국방 문민화와 우리의 차이점을 구체적으로 분석하고 실효적인 몇 개 과제와 발전책을 생각해 보았다. 논지 전개 순서는 1. 전쟁은 너무 중요해서 군인들에게만 맡길 수 없다 / 2. 국방부 장관 문민화가 군 바로 세우기 첩경 / 3. 국방부 문민화의 중요성 / 4. 국방부 차관의 의전서열 문제 / 5. 방위사업청 문민화 순으로 국방 문민화의 의미를 살펴보고자 한다.

1. 전쟁은 너무 중요해서 군인들에게만 맡길 수 없다

지금은 좀 시간이 흘렀지만 역사적으로 유명한 2011년 5월 1일 오사마 빈 라덴 사살 작전 당시 백악관 상황실 사진을 기억한다. 한국인의 시각으로는 이해가 안 되는 것이 사진의 중앙에 앉아 있는 사람은 오바마 대통령이 아니었다. 사진 중앙에 군인이 앉아 있었는데 마이크 멀린(Mike Mullen) 합참의장이었다. 멀린 합참의장 오른쪽에는 조 바이든 당시 부통령이 왼쪽에는 힐러리 클린턴 국무장관이 앉아 있다. 버락 오바마 대통령은 오른쪽 끝에 쭈그려 앉아 있는 모습이다.

필자는 이 사진을 미국 국방 문민화의 일면을 엿볼 수 있는 상징적인 장면으로 본다. 빈 라덴 사살작전은 분명 군사작전이기에 대통령도 작전적인 측면에서는 합참의장에게 자리를 양보하고 있는 것이다. 물론 더 큰 결정인 사살작전 자체에 대한 승인 권한은 대통령에게 있을 터이다. 정치가와 군인의 역할이 자연스럽게 표현되어 있는 장면이라 하겠다.

제1차 세계대전 당시 프랑스 총리를 지낸 조르주 클레망소(Georges Clemenceau)는 "전쟁은 너무나 중요해서 군인들에게만 맡길 수 없다"는 유명한 말을 남겼다. 주지하다시피 전쟁의 중요성은 단순히 군인들의 작전적 판단에만 맡길 수 없으며, 정치적, 외교적, 경제적 측면까지 종합적으로 고려되어야 함이 자명하다. 군사 작전적 전투행위나 전술전기 연마는 물론 군인들의 전문 영역이다.

그런데 우리 사회는 너무나 오랫동안 이를 혼동해 온 것이다. 너무 오랜 세월 동안 박정희 군사정부나 전두환, 노태우 군사정권 시절을 겪어오다 보니까 군인들의 정치 참여를 당연한 것으로 여겨 온 경향이 있다. 그러니 하물며 국방부 장관은 군인이 하는 것이 당연한 것으로 착각을 해 온 것이다. 그러다 잊힌 줄 알았던 군사 계엄의 망령이 이번 비상계엄 같은 참극으로 나타난 것이다.

아이러니하게도 나라에 비극적 상황을 연출한 12·3 비상계엄이 국방 문민화 논의를 촉발하였다. 언론과 일부 학자들로부터 시작해서 심지어는 꽤나 많은 군 출신들도 국방 문민화에 대해서 나름의 의견을 피력해 오고 있다. 대부분의 논지가 이제는 국방부 장관 문민화가 급선무이며 직업군인 출신이 아닌 민간 출신을 국방부 장관에 임명하자는 것이다. 그래야 이번 비상계엄 사태와 같은 위헌적이고 불법적인 일에 다시는 군이 동조하거나 동원될 사태를 원천적으로 예방할 수 있다는 데 뜻을 같이하고 있다.

과거의 기억을 되살리자면 국방 문민화에 대한 외침은 사실상

외로운 답 없는 메아리에 불과했었다. 오히려 군인들 몇몇이, 특히 해군이나 공군 일부가 스스로의 한계를 얘기하면서 국방 문민화가 필요하다고 조심스럽게 동조하는 데 그쳤다. 일반 국민들 사이에서도 국방 문민화에 대해서 그렇게 큰 호응이 없었다. 대부분의 일반인은 전쟁과 전투행위를 동일시하기 때문에 전쟁은 고도의 정치행위이고 국방부 장관은 안보 대전략가여야 한다는 주장도 소귀에 경 읽기였을 뿐이다. 오히려 국방부에 왜 공무원들이 근무하는가 하고 의문을 제기하는 경우도 있었다.

금번 비상계엄 사태에서도 드러났듯이 국방 문민화에 대해서는 군에 대한 문민통제 현황으로부터 시작해서 우리 사회에서 아직도 국민의식에 적잖이 영향을 미치고 있는 잘못된 군사문화에 대해서도 짚어봐야 할 대목이 많다. 특히 육군 출신 고위직들의 철학과 행실의 잘잘못은 분명히 짚어보아야 한다. 여러 지적이 잇따르고 있는 육군사관학교 교육내용도 살펴보아야 한다. 만약 이번에도 잘못된 군사문화를 제대로 전단하지 않는다면 언제든 이런 불상사가 다시 일어나지 말란 법이 없다. 국방 문민화를 33년 공직 생활 필생의 목표로 삼아왔던 필자이기에 이에 대해서는 할 말은 해야 한다는 의무감이 앞선다.

2. 국방부 장관 문민화가 군 바로 세우기 첩경

미국은 군에 대한 문민통제(Civilian Control ofo Defense) 원칙을 확실히 유지하기 위하여 직업군인 출신의 정부 고위직 진출에 관한 특정 제한법규를 두고 있다. 그래서 미국의 국방장관과 같은 정부 고위직에 군인 출신이 임명되기 위해서는 원칙적으로 군복무를 마치고 7년이 지나야 가능하다. 그것도 1947년 제정된 '국방부 창설법'(National Security Act)에서 전역 후 10년이란 제한을 두었던 것을 2008년 수정하면서 7년으로 단축되었다. 만일 전역 후 7년이 지나지 않은 군인이 국방장관으로 임명되려면 의회의 특별 승인이 필요하다. 이 규정은 군사지도자들이 정치적으로 권력을 직접적으로 행사하거나 민간통제를 약화시키는 상황을 사전에 방지하고자 하는 법률 규정이다.

◆ **미 의회 특별 승인 군 출신 국방장관 취임 사례**(총3번)

- 조지 마샬(George C. Marshall)
  - 1950년 취임
  - 제 2차 세계대전 동안 미 육군참모총장을 역임하였으며 전후 재건과 국방 발전에도 크게 기여하고, 마샬플랜으로 잘 알려짐.

- 제임스 매티스(James Mattis)
  - 2017년 취임(도널드 트럼프 대통령 행정부)
  - 해병대 4성 장군으로 중동지역의 광범위한 군사경험을 바탕으로 한 강력한 리더십을 인정받음.
- 로이드 오스틴(Lloyd Austin)
  - 2021년 취임
  - 2016년 4월 미 육군대장(4성)으로 전역

우리나라에도 미국과 같은 군 출신의 정부 고위직 임용에 일정 제한을 두는 법규가 필요하다고 본다. 7년이든 10년이든 군 전역 후 일정 기간 민간인으로서 사회 경험을 하면서 자칫 군사 전문성에만 매몰될 수 있는 한계를 벗어나 폭넓은 민주주의에 대한 이해와 전략적 시각을 함양할 수 있는 기회를 갖도록 할 필요가 있다. 물론 군인 중에도 이런 식의 특별한 교육이 필요 없는 훌륭한 인재들이 있을 수 있다.

그러나 국방부 장관을 임명하는 것은 한 개인의 개별적인 능력의 취사선택만이 고려되어서는 안 된다. 최근의 비상계엄 사태에서 여실히 목도하였듯이 국방부 장관은 군인들의 집단 지성에 강력한 영향을 미치는 자리라는 점도 함께 고려되어야 한다. 그래야 국가적으로 유일하게 합법적으로 군사적 무력을 갖춘 집단을 국민적 입장에서 관리하고 통제해 나갈 수가 있을 것이다. 이렇게 해야만 군인들도 정치에 한눈팔지 않고 군 본연의 임무에 충실할 수 있다.

필자는 국방부에 1987년 입부하여 총무과장 재임 시까지 22년을 근무하며 국방부 장관 문민화가 참으로 절실하다고 생각되는 여러 경우를 경험하고 목도하였다. 대표적 사례로 두 가지가 생각난다.

노무현 대통령 시절 초기로 기억된다. 청와대 인사 부서에 행정관으로 있는 행정고시 동기생으로부터 전화를 받았다. 국방 쪽도 관여한다면서 당시 국방부 장관에 대한 부내 평가가 어떠냐고 묻는 것이었다. 말이 묻는 것이지 이미 나름의 평가치를 갖고 확인하고자 하는 식이었다. "국방부 장관에 대한 세평이 상당히 부정적이다. 육사 출신이 아니다 보니까 군을 제대로 장악하지도 못하고 얼마 못가서 경질될 것이라고들 하는데 필자의 생각은 어떠냐?"는 것이었다.

그렇지 않아도 국방부와 합동참모본부에서 장관을 폄훼하는 듯한 소리를 꽤나 여러 차례 들어오던 터였다. 합참의장 등 육군사관학교 출신이 주류를 이루다 보니까 국방부 장관 주재 회의가 끝나고 나면 장관의 언급이나 지시에 대하여 바로 콧방귀를 뀌기가 일쑤라는 것이다. 그러니 그 부하 직원들이 국방부와 국방부 장관을 어떻게 생각할 것인가? 필자는 그 동기에게 아마도 "장관이 육사 출신이 아니라 갑종 출신이어서 그런 평가가 나도는 것 아니겠느냐. 군 주류가 정규 육사 출신이다 보니까 출신 자체가 다른 장관에 대한 거부감이 앞서서 실제로 능력에 대하여는 제대로 된 평가가 이루어지지 않고 군내 세력 다툼의 희생양이 되어 버리는 것 같다"고 얘기해 줬다.

그 동기는 매우 합리적인 사람이었지만 대부분의 평가와 전혀 다른 얘기를 하는 필자가 마뜩치는 않은 기색이었다. 대통령도 출신이 별로라고들 하는 시기였는데 국방부 장관도 출신 성분 때문에 무시당하는 세상이 못내 밉기만 했다. 이런 측면에서 하나회니 용현회니 하는 불순한 일부 육사 출신 군인들로부터 우리 사회와 군에 미치는 좋지 않은 영향을 차단하려면 국방부 장관 문민화와 국방부 문민화가 절대적으로 필요하다는 생각을 하지 않을 수 없다.

또 하나의 사례는 필자가 국방부 장관 문민화가 필요하다는 생각을 더욱 굳히게 한 경우다. 2009년 국방부에서 을지훈련 관련 회의가 있을 때였다. 장관과 공무원은 민방위복을 입었고 합참의장 이하 군인들은 군복을 입고 있었다. 막 회의 시작 전이었는데 장관이 합참의장에게 인사한답시고 대뜸 반말을 하는 것이었다.

거기에 옛날 근무연까지 얘기하면서 "의장이 자기를 잘 모셔왔다"는 등 별 희한한 소리를 하는 것이었다. 세상에 대한민국 군 서열 1위인 합참의장에게 그렇게 많은 사람들이 뻔히 보고 듣고 있는 공식적인 자리에서 아무리 장관이라고 어떻게 저런 희한한 소리를 그것도 반말로 지껄여 댈 수 있을까? 나는 정말로 어이가 없었는데 또 희한한 것은 합참의장이 그 상황을 크게 개의치 않는 것이었다. 물론 장관도 별 문제가 될 일이 아니니까 그랬을 것이고 늘 상 그래왔을 것이다. 여기에 바로 군 출신들끼리 육사 출신들끼리 끼리끼리하는 무서운 함정이 있다. 자기들끼리는 같은 출신 성분으로 근무연으로 이심전심으로 서로 통한다. 혹시라도 같은 부대에서 근무한 경험이 있으면 그렇지 않은 경우의 사람들에게 들으라는 듯이 자기들이 근무했던 부대의 시설이나 참호 위치까지 얘기하고 공유한다. 이들은 이런 식으로 자기들의 결속력을 확인하고 자기들의 이익을 중심으로 세상을 보고 군을 운영하려 한다. 12·3 비상계엄 주도 세력으로 등장하는 세칭 '용현파'가 바로 이 경우의 전형적인 사례라고 할 수 있다.

그러니 이들이 국방부와 군을 장악하면 이들의 이익과 생각이 국민적 이익과 상식에 배치될 때 어떤 선택을 할 것인가? 최근의 비상계엄 사태에서 여실히 목도했듯이 만약 국가적, 국민적 이익과 이들의 이익이 충돌할 때면 이들은 서슴지 않고 자기 집단의 이익을 우선할 것이라는 추측이 앞을 가린다. 왜곡된 인식을 가진 몇몇 뜻을 같이하는 일부 군인들이 자신들의 생각이 옳다고 세상의 중심이라고 착각하는 어이없는 경우가 세상에 현실로 존재하고 있는 것이다.

국방부와 군 내부만으로 한정을 해도 또 큰 문제가 발생한다. 합참의장이나 육군총장을 역임한 사람이 국방부 장관에 보임될 경우가 특히 그렇다. 장관이 공개석상에서 합참의장에게 반말을 하는 무례한 경우는 논외로 치더라도 군사적인 측면, 심지어 작전적인 측면까지 장관이 관여를 한다는 것이다. 본인이 군사적으로 제일 잘 안다고 생각하는 소치다.

◆ **역대 국방부 장관 : 정부 출범~2025년까지 총 47명**
- 육군 출신 : 34명
- 해군 출신 : 3명(5대 손원일, 39대 윤광웅, 45대 송영무)
- 공군 출신 : 4명(7대 김정열, 22대 주영복, 32대 이양호, 46대 정경두)

- 해병 출신 : 1 명(15대 김성은)
- 민간인 출신 : 6명(2대 신성모/ 3대 이기붕/ 5대 김용우/ 9,11대 현석호/ 10대 권중돈)

또 국가전략적 측면, 정치외교적 측면이나 경제적 측면이라든지 다른 측면보다는 잘 아는 게 군사문제이다 보니 본인이 제일 잘 아는 일에 나서는 게 어쩌면 당연한지도 모르겠다. 이게 얼마나 한심한 일인가? 일국의 국방부 장관이 그것도 상대하기 힘들기만 한 북한과 미·일·중·러 4대 강국 틈바구니 속의 대한민국 국방부 장관이 아닌가? 나름의 국방대전략을 이해하고 구사하기 위해서 얼마나 공부하고 머리를 싸매야 할 것인가? 올바른 국방력 건설을 위해서 예산을 확보하고 다른 정부 부처와의 협력체계를 발전시키고 국회의 협조를 이끌어내기 위해서 또 얼마나 많은 노력을 기울여야 할 것인가?

한심하게도 합참의장에게 반말을 일삼았던 그 국방부 장관은 군사적 능력은 우수했는지 몰라도 장관으로서의 정무적 역할에 대해서는 문제가 있었던 것으로 보인다. 국회 담당 부하 직원에게 "국회 접촉 기회를 최소화하라"고 했다는 얘기도 들렸다. 이러다 보니 이 장관과 국회의 앙금이 쌓여갔고 결국은 국회 국방위원회가 45년간 유지되어 온 국방부 국회연락단의 철수를 요구하는 사태로까지 비화되었다. 그 장관의 재임 끝 무렵 어느 신문 가십란에 "장관이 아니라 장군이었다"라든지 "장관이라기보다는 군 작전사령관에 가까웠다"는 기사가 등장하기도 했다.

역대 국방부 장관은 육군 출신들이 타군에 비해 현저히 많다. 정부 출범 이후 2025년까지 47명의 국방부 장관 중 육군 출신이 34명이다. 그것도 5·16 군사정변 이전에 재직했던 민간인 출신 장관 6명을 제외하면 절대적으로 많은 숫자다. 육사와 육군 출신 국방부 장관과 윤석열 대통령의 결합이 최근 12·3 비상계엄 사태와 같은 비극적인 씨앗을 배태한 측면도 없지 않다. 만약 비상계엄 조치에 필요한 병력 운용에 대한 이해가 다른 해군이나 공군 출신 또는 민간인 국방부 장관이었다면 이러한 비상계엄 사태 자체가 초래되지 않았을 가능성이 크다. 해군 출신 합참의장을 제쳐놓고 육군참모총장을 비상계엄사령관으로 임명한 것만 보아도 시사하는 바가 크다.

5·16, 12·12 등 군사 쿠데타를 경험한 김영삼 대통령, 김대중 대통령, 노무현 대통령 등은 국방 문민화에 큰 관심을 가지고 있었다. 김영삼 대통령은 정부 자체를 '문민정부'라 칭하였다. 김영삼 대통령은 집권하자마자 육군의 중추세력인 '하나회'를 일거에 척결

하였다. 그때만 해도 육군의 모든 요직을 '하나회'가 장악하고 있던 시절이어서 김 대통령의 전격적인 조치는 국민들의 놀라움을 자아내기도 했다. 그 이후 대통령들도 국방 문민화에 관심은 가진 것으로 알려졌지만 국방부 장관을 민간인으로 기용하지는 못하였다. 하나회는 이미 척결되어 더 이상 군사정변을 일으키기는 힘들 것이라는 분위기가 컸고, "남북 간 군사대치가 지속되고 있는 상황에서 아직은 국방부 장관은 군 출신이 해야 되지 않는가"라는 여론이 상당했기 때문이었다.

아래 미국 국방장관직 승계순위에 보면 눈을 씻고 보아도 군인은 찾아볼 수가 없다. 지금도 세계적으로 군사전략을 운용하고 군사적 상황을 관리하고 있는 미국도 군 출신이 아닌 민간인들이 국방부 리더십을 형성하고 있는 것을 보면 우리나라 국방부 장관 문민화에도 시사하는 바가 크다.

◆ 미국 국방장관직 승계순위(Order of Succession)[4]

1. 국방副장관(Deputy Secretary of Defense)
2. 정보차관(Under Secretary of Defense for Intelligence)
3. 정책차관(Under Secretary of Defense for Policy)

4. 획득/기술/군수차관(Under Secretary of Defense for Acqu., Tech./Logistics)

5. 육군성장관(Secretary of the Army)

6. 해군성장관(Secretary of the Navy)

7. 공군성장관(Secretary of the Air Force)

8. 인력/대비태세차관, 회계감사차관

9. 획득기술군수副차관, 정책副차관, 인력/대비태세副차관

10. 법률자문차관보, 차관보, 운영시험 및 평가실장

11. 각 군성의 차관

12. 각 군성의 차관보

    21세기 대명천지에 청천벽력 같은 12·3 비상계엄 사태와 같은 비극의 씨앗을 제거하기 위해서는 최우선적으로 국방부 장관을 문민화해야 한다. 그래야 군이 바로 서고 제대로 역할을 할 수 있다. 그렇게 해야 합참의장을 중심으로 하는 군 작전 지휘체계도 바로 잡힌다. 빈 라덴 사살 군사작전을 펼치는 상황에서 오바마 대통령이 합참의장 옆에서 조용히 지켜보고 있었다. 우리도 군사작전이 펼쳐지면 합참의장이나 군 작전사령관이 지휘하고 대통령과 국

---

4) 출처 : 국방장관 승계순위 행정명령(Order of Succession of Officers to Act as Secretary of Defense, 2005.6.2.) retrieved from www.sourcewatch.org, 2009-04-20

방부 장관은 옆에서 지켜보면 된다. 물론 전쟁이란 상황에 대한 결정권은 대통령과 국방부 장관 몫이다. 이렇게 서로의 역할을 제대로 하고, 군이 바로 서기 위해서는 국방부 장관 문민화가 절대적으로 우선되어야 한다. 바로 지금이 적기다.

> ◆ 미국의 군 인사권을 통한 문민통제
>
> - 미국의 장군(준장 이상)급의 임명은 대통령이 장군 진급대상자를 지명하고, 상원(The Senate)에서 이를 인준함으로써 이루어짐.
> - 합참의장 등 40개 현역 대장급 장군의 임명은 대통령이 지명하고 상원군사위원회의 청문회를 반드시 거치도록 하고 있음.
> - 중위 이상 대령까지의 장교급 진급심사는 각 군의 진급심사 위원회(Selection Boards)에서 업적 및 근무연수 등을 고려해 이뤄지며, 국방장관이 매년 선발위원회를 소집하여 이를 결정함.

3. 국방부 문민화

국방부 장관 문민화하고 국방부 문민화가 다른 것인가? 국방부 장관을 문민화하면 당연히 국방부 문민화까지 다 된 것으로 생각할 수 있다. 대부분의 국민들이 보기에는 그게 그거일 수 있다. 물론 국방 문민화라고 하면 두 가지 개념을 다 포함한다. 요컨대 국방부 장관 문민화는 앞서 살펴 본 바와 같이 군 지휘체계와 대통령 보좌 기능과 관련된 것이다. 국방부 문민화는 국방부 장관을 보좌하고 보조하는 정부 기능 수행의 문제로 구별할 수 있다.

국방부 본부 공무원(7) : 군인(3) 비율은 황금율(?)

국방부 문민화에 대해서 역대 정부들의 입장 차이가 크지만 김영삼 대통령의 문민정부 이후 국방부 문민화가 꾸준히 추진되어왔다. 김영삼 대통령은 정부 명칭 자체를 '문민정부'라 칭하였다. 역설적으로 그 전 정부까지 군인들의 위세가 얼마나 컸는지를 알 수 있는 작명이라 하겠다. 그 이후 김대중 대통령과 노무현 대통령을 비롯해서 역대 대통령들이 국방 문민화에 관심을 보였으면서도 여태까지 정작 국방부 장관 하나를 문민화하지 못했다.

그러다 보니 국방부 문민화는 공무원 대 군인의 비율을 7:3 으로 편성하려는 비율적 편성에 치중하는 경향을 보였다. 이는 미국, 영국, 독일, 일본 등의 국방부 편성을 참고하여 국방부 조직부서에서 목표로 제시한 것으로 알려졌다. 예를 들어 2005년 4월 28일

윤광웅 국방부 장관은 국방부 본부의 민간인력 비율을 2009년까지 71%로 높이겠다는 내용이 포함된 2005년 국방업무 계획을 노무현 대통령에게 보고하였다. 당시 국방부 본부는 민간 공무원 379명(52%), 군인 346명(48%)으로 민간인 비율이 절반을 조금 넘는 수준이었다. 이런 문민화 조치가 꾸준히 이루어지면서 2024년 기준으로 숫자적으로는 민간 공무원 약 700명과 군인 약 300명이 근무하고 있어서 문민화 비율이 70% 정도로 유지되고 있다.

직제별 보임도 아직 국방부 장관까지 문민화에 이르지 못하였지만 국방부 차관에는 여러 차례 민간인 출신이 보임이 되었고 박재민 국방부 차관 같이 국방부 내부 승진으로 차관이 된 경우도 있다. 필자가 처음 국방부에서 근무를 시작한 1987년과 비교하면 그야말로 격세지감이라고 할 수 있을 정도로 많은 변화와 발전이 있어 온 것도 사실이다. 하지만 아직도 국방정책실장이라든지 정책기획관 등 국방 주요 정책을 좌지우지하는 자리에는 군 출신이나 군인들이 많이 보임되어 있다. 최근 12·3 비상계엄 사태에도 국방부의 국장급 현역장군도 연루된 것으로 알려지기도 했다. 기실 이제 국방부에서 군 출신이나 현역 군 장성이 꼭 필요한 직위가 무엇인지 의심스럽다. 국방부 장관은 군 작전에 관련된 사항은 합참의장을 위시한 군조직의 보좌를 받으면 된다.

국방부 총무과장으로 인사업무를 수행한 경험으로서도 꼭 군 출신들을 보임해야 할 필요가 있는 직위가 따로 생각나지 않는다. 총무과장 당시에 신임 국방부 인사복지실장의 국방부 장관 신고식에 배석한 적이 있다. 이어진 티타임에서 장관이 신임 실장에게 "새로운 일 시작하는 기분이 어떤가?"라고 물었다. 그 실장은 "아직 실감이 안 납니다. 옆에 군모가 있어야 되는데 없으니까 이상하고요"라고 답하였다. 그 실장은 바로 어제까지도 군인 신분이었다. 군에서 전역하고 바로 다음 날 국방부 실장으로 출근한 것이다.

　국방부에 군 출신이나 현역 군 장성이 근무하는 것을 제한하여야 한다는 이유가 바로 여기에도 있다. 그들은 군에서 전술전기를 연마하고 상대와 맞닥뜨리면 피아를 식별하여 승리를 목표로 싸우고 반드시 이겨야 하는 삶을 수십 년간 살아왔다. 명령에 살고 명령에 죽는 것을 최고의 가치로 삼아오지 않았던가? 그러니 아무래도 폭넓은 시각으로 다뤄야 할 국방정책에 전투적 시각으로 접근하고, 유연하고 플렉서블하게 상대해야 할 다른 국가의 정책당국자나 다른 부처의 업무 협조자들과의 관계도 효과적이고 실용적으로 가꿔나가기가 쉽지 않을 것이다.

　물론 군인이라고 해서 모두 사방이 꽉 막힌 존재라는 것은 아니다. 뛰어나고 훌륭한 전략 마인드를 가진 군인도 많이 보았고 업무의 성실성이 타의추종을 불허하는 군인도 많았다. 그러나 전반적으로 보면 사람은 같은 사람이되 군인은 군인이고 민간인은 민간인이다. 국방부 장관이 군 출신이니까 특히 육군 출신 국방부 장관과 육군 장군이나 장교가 만나면 그들의 대화는 금방 군대 얘기로 돌아간다. 국방부 업무를 가지고 얘기를 하는 중에도 그들이 경험한 군대 사례만 가지고 얘기를 이어간다. 혹시라도 그들이 같은 부대에서 근무했던 경우라면 함께 있는 민간인은 금방 국외자가 되어버린다. 이런 경우의 장점도 있겠지만 단점이 훨씬 크기가 쉽다. 그들이 경험한 세계와 시각만으로 국방정책의 방향이 잡히고 다른 문제점들에 대해서는 감히 언급도 짚어보지도 못하는 우를 범하기가 십상이다.

실무선에 가서도 문제가 심각해진다. 국장이 육군이고 밑에 과장이 타군이거나 공무원이면 그 국장은 육군 실무장교와 일을 하는 경향이 있다. 그 반대의 경우도 있을 수 있겠지만 국방부에서는 이런 일이 다반사다. 그런데 국방부에는 국장, 과장 직위에 육군 출신이나 현역 육군 장군이나 장교가 많기 때문에 자연스럽게 '육방부'란 오명을 아직도 갖고 있다. 이제 국방부에 군인은 10%만 근무해도 충분하다. 어차피 육군 장교는 해·공군의 일을 잘 모르고

해·공군 장교도 육군의 일은 잘 모른다. 새 정부가 출범하면 집권기간 내에 군인 근무비율을 20%로 하고 다음 정부에서는 10%까지 줄여나간다면 큰 부작용 없이 국방부 문민화를 추진할 수 있을 것이라 생각한다. 이렇게 되면 오히려 공무원들이 균형 있게 업무를 처리하여 각 군에도 좋은 결과로 돌아 갈 것이다. 일본은 국방부 본부라 할 수 있는 방위성 본부에 군인이 한 명도 없다는 사실이 시사하는 바를 잘 살펴볼 필요가 있다.

4. 국방부 차관 의전 서열 논란

흔히들 국방부 차관은 군 의전 서열 9위나 10위라고 한다. 4성 장군이 7명이면 9위가 되고 8명이면 10위가 된다. 그러나 이 기이한 현상은 전두환 군사정권이 1980년 7월 29일 국무총리훈령 제157호 '군인에 대한 의전 예우 지침'을 제정 발령하면서부터 비롯되었다. 이 훈령에서 준장을 1급으로 예우할 것을 규정하였다. 그러다 보니까 이 지침에서 명시되지는 않았지만 소장은 준차관, 중장은 차관, 대장은 장관 예우를 받게 된 것이다.

이와 관련하여 2017년 10월 11일 국회 국방위원인 이종걸 의원

(더불어민주당)은 보도자료[5]를 통해 4성장군(이하 대장)의 장관급 예우의 근거가 되는 국무총리훈령 제157호를 폐지하고 대장을 차관급으로 예우하도록 제도를 정비할 것을 촉구하였다. 이종걸 의원은 이 지침은 "전두환 군부정권이 군을 회유하고 집권 기반으로 삼기 위해 법령이 아닌 총리 훈령으로 편법적으로 제정한 것이라며 시대착오적인 내용이므로 개정되어야 한다"고 역설하였다. 국회 입법조사처에서도 대장에 대해 장관급으로 예우하면서 지휘체계상 2순위인 국방차관이 의전서열은 10위에 해당하는 일이 발생하고 있다면서 법령 개정의 필요성에 동의하였다.

◆ 미국 국방부 의전 순위(Order of Precedence)

1. 국방부 장관
2. 국방부 副장관
3. 육군성장관(Secretary of the Army)
4. 해군성장관(Secretary of the Navy)
5. 공군성장관(Secretary of the Air Force)
6. 합참의장(chairman of the Joint Chiefs of Staff)

---

5) 보도자료, 이종걸, "4성장군(대장), 차관 예우로 조정 필요" 2017.10.11.

국방부 차관(미국 국방부 副장관에 해당) 의전서열에 관하여는 그 전에도 여러 차례 논란이 계속되어 온 해묵은 과제다. 그런데 한 걸음만 더 들어가 보면 이 문제가 다만 차관에 국한된 얘기가 아닌 국방부 전체의 결속에 큰 문제를 일으키고 있는 사안이다. 총리훈령 제157호가 제정되기 이전에 국방부 국장은 이사관과 부이사관이 보임되어 왔고 과장은 서기관이 맡아 왔다. 군인들은 소장이나 준장이 국장 직위에 보임되어 왔고, 대령이 과장 직위에 보임되어 왔다. 따라서 공무원 국장 밑에 과장은 각 군의 대령들이 보임되는 보직이 많았다. 공무원 서기관 과장 밑에 군인들은 중령 또는 소령이 직원으로 보임되는 게 보통이었다.

그런데 총리 훈령 제157호가 발령된 이후에도 국방부 본부에는 이 조직 구조가 계속 유지되었다. 그러다 보니까 군인들과 공무원 간에 의전 예우가 역전되는 현상이 발생한 것이다. 중령 직원이 서기관 과장에게 "내가 당신보다 높은데 도대체 왜 내가 당신 명령과 지시를 받아야 되는지 모르겠다"고 불평하고 마찰을 빚는 일이 심심치 않게 발생하곤 했다. 거의 국방부 전 부서에서 이런 문제점을 내포하고 조직이 굴러가고 있다고 생각해 보라. 얼마나 끔찍한 일인가? 국방부가 폭발하지 않고 아직도 유지되고 있는 것이 신기하지 않은가? 미국을 비롯한 선진국을 보면 무력을 보유한 군 집단에 대해서 철저한 문민통제가 이루어지고 있고 군인들이 절대 민간인들의 우위에 위치하여 권한을 행사하지 못하도록 하고 있다. 군인은 국민을 위해서 국민의 명령에 따라 군인의 임무를 수행하면 된다. 그럴 때에 제복에 대한 국민의 사랑과 존경도 자연스럽게 따르게 되는 것이다.

◆ 군인-공무원-군무원 예우 기준표(1968년 국방백서)

군 계급	공무원 직급		군무원 직급	
-	장관		-	
-	차관		-	
대장	차관급		-	
중장	관리관		-	
소장	이사관	기감	군무관리관	
준장	부이사관	부기감		
대령	서기관	기정	군무이사관	군무기감
중령	사무관	기좌	군무부이사관	군무부기감
소령	주사	기사	군무서기관	군무기정
대위	주사보	기사보	군무사무관	군무기좌
중위	서기	기원	군무주사	군무기사
소위	서기보	기원보	군무주사보	군무기사보

5. 방위사업청 문민화

방위사업청(이하 방사청)은 2006년 1월 국방부 독립 외청으로 개청하였다. 방사청에도 공무원과 군인이 함께 근무하고 있다. 2024년 말 현재 방사청에는 청 전체 현원 1,587명 중에 공무원이 1,126명, 군인이 461명 근무하고 있어 비율상으로 문민화 비율 70%를 유지하고 있다. 군인의 경우도 육군 185명, 해군 138명, 공군 138명으로 육군:해군:공군 비율이 4:3:3으로 개청 당시 비율이 그대로 유지되고 있다.

방사청장은 5대 장수만 청장부터 민간인이 보임되어 강은호 11대 방사청장에 이르기까지 쭉 민간인이 청장을 계속하여 일찍이 청장 문민화가 이루어졌다고 할 수 있다. 그러나 윤석열 정부 들어서서는 다시 군인 출신 청장이 연이어 보임되고 있다.

◆ 역대 방위사업청장 출신별 현황(2006~현재 13명)

- 민간인 : 7명(5대-장수만, 6대-노대래, 7대-이용걸, 8대-장명진, 9대-전제국, 10대-왕정홍, 11대-강은호)

- 육군 : 4명(1대-김정일, 3대-양치규, 12대-엄동환, 13대-석종건)
- 해군 : 1명(4대-변무근)
- 공군 : 1명(2대-이선희)

역대 방사청장 재직 현황에서 볼 수 있듯이 방사청은 5대에서 11대 청장에 이르기까지 민간인 출신 방사청장이 재직을 하여 12대 육군 장성 출신 청장이 보임되기까지 근 11년 이상 민간인 리더십이 유지되었다. 방사청이 국방부 산하 기관이기는 하지만 인사와 예산이 독립되어 있는 독립 외청이어서 군 출신 국방부 장관으로부터도 어느 정도 독립성을 인정받았다. 특히 민간인 출신 청장들이 주로 기획재정부 출신이어서 큰 틀에서 방위예산을 효율화하고 방위산업의 미래 발전을 선도하는 데 긍정적인 성과를 보인 것으로 평가되어 왔다.

실무진의 편성도 공무원과 군인이 어느 정도 균형을 이루어 출범하였고 방위사업의 기능적 성격상 육·해·공군의 비율도 국방부와는 달리 4:3:3으로 구성되어 있어서 어느 한 군에 편중되는 현상은 구조적으로 방지되어 있었다. 그럼에도 불구하고 국방 분야

전체를 압도하는 육군의 영향으로부터 완전히 자유로울 수는 없었다. 청장의 리더십 스타일에 따라서 국방부의 영향 정도가 결정되는 것도 어쩔 수 없었다. 그래도 대체로 역대 민간인 방사청장 리더십은 국방부로부터도 어느 정도 존중을 받아온 것으로 기억한다.

필자가 방사청에서 국장으로 근무할 때는 주로 민간인 청장들이 보임되어 있었다. 그러다 보니 군인 직원들은 청장이 군 실정을 너무 몰라서 진급과 보직 등 여러 분야에서 자기들의 이익이 침해당하지나 않을까 상당한 우려를 표명하곤 했다. 그도 그럴 것이 외부로부터도 방사청의 문민화 요구가 계속되고 있었다. 2007년 11월과 2012년 2~3월에 걸친 감사원 감사 결과 방사청 문민화 추진 실적이 부진하다는 질책이 나왔다. 2009~2011년의 국회 국정감사에서도 방사청 문민화가 지속적으로 추진되어야 한다는 요구가 있었다. 이러한 요구는 해외 선진국들의 획득기관에 근무하는 군인들의 비율이 미국은 18%, 영국은 25%, 프랑스가 15%에 불과하다는 자료에 기초한 것으로 보인다.[6] 방사청은 이후에도 개방형 직위 확대, 군 인력의 민간 인력으로의 신분 전환 등 민간인력 확대를 위하여 많은 노력을 기울였다.

---

6) 방사청 : 숙명여자대학교 위탁연구, 방위사업청 개청 이후 성과평가 및 발전방향 연구, 2012.9. p.50.

국방부 본부에 비하면 방사청의 문민화는 훨씬 앞서가 있다. 오랫동안 민간 리더십이 계속되면서 심지어 필자는 능력 있는 군 장교들의 사기가 저하되지 않도록 "앞으로 방사청장은 청 내부에서 전문성을 키운 훌륭한 장교들에게도 기회가 주어져야 한다"고 다독거리기도 했다. 방사청에서 문민화 구조와 체제가 잘 정착되어 가기만 하면 방사청장을 군 출신이 한다고 굳이 반대할 이유는 없을 것이다.

그러나 방사청장을 군 출신으로 임용하는 데도 역시 한계는 필요하다고 본다. 미국처럼 군 전역 후 7년은 아니더라도 최소한 5년은 민간 사회의 경험 보유자에 한해서 청장 취임을 허락하는 장치 정도는 필요하다고 본다. 앞서 국가 안보전략과 국방정책 수립이나 운용을 군사 전문가들에게 맡기면서 비롯되는 문제점을 지적한 바 있는데 방사청장의 경우도 마찬가지라고 생각한다. 국방예산의 1/3 이상을 집행하는 방사청의 수장도 큰 차원의 국가 안보전략과 국가 정책적으로 균형 잡힌 시각을 가진 인사가 역할을 하는 것이 맞다고 본다.

왜냐하면 자신도 모르게 일부 군에 치우친 군사 전문성에 집착하여 대한민국 국방력의 산실인 방위사업청의 균형적 발전을 저해하거나, 자신이 아직도 군인인 것으로 착각하여 정부 부처 조직을 군 조직처럼 움직이려는 우가 반복되어서는 안 되기 때문이다. 이런 경우만 아니라면 뛰어난 군 출신 청장을 반대할 이유가 없다. 군 출신이든 민간인 출신이든 균형 잡힌 시각을 가지고 참모와 주변의 목소리에 귀 기울일 줄 아는 지도자를 맞는다면, 이야말로 방사청 문민화의 최대 성취라 할 수 있을 것이다.

제2부

한반도 核 평화를 위한 도전

19

50년 한국전쟁 발발 이후 70여 성상이 지났지만 남북한 간은 기술적으로는 아직도 전쟁 중이다. 세계 유일의 분단국이다. 그래서 남북통일은 지상명령이었고 분단 극복을 위한 노력의 흔적은 우리 국민을 쉽게 흥분의 도가니로 몰아넣곤 했다. 그러나 불행하게도 북한이 핵 개발에 나서면서부터는 한국 정부의 대외 의존도가 더욱 커져만 갔다. 급기야 지난 어느 미국 대통령 시기에는 우리의 운명을 미·북 대화에 맡겨 버리는 것 같은 전략적 한계가 노정되기도 했다.

윤석열 정부가 들어선 이후 한국의 대북 정책은 완전히 신기루를 좇는 것 같이 갈 길을 헤매고 있다. 국내 정치 상황까지 혼란한 형국에 있는 한국으로서는 국제적인 안보상황뿐만 아니라 남북문제에 대해 보다 더 근본적인 성찰이 필요하다. 북한 정권과 리더십에 대한 이해도 좀 더 정밀하게 새로이 가다듬을 필요가 있다. 이제 한국에 새로운 정부가 들어설 가능성이 크다. 이에 국방사 이드에서 정책실무자로서 남북 관계 30여 년을 지켜보았고 남북대화에 직접 참여도 했던 경험으로 조심스럽게 남북 관계 현황을 짚어 보고 대화의 길과 북핵의 평화적 관리 방안을 찾아보고자 한다.

제1장

북한과 대화의 문을 열라

문재인 대통령 시기에는 김대중 대통령이나 노무현 대통령이 각기 한 번의 남북정상 회담을 가졌던 것에 비해 2020년까지 3번의 남북정상회담을 개최했다. 그것도 앞서 두 대통령이 남북정상회담을 개최한 시기에 비하면 문재인 대통령은 비교적 정권 초기부터 남북 관계를 발전시키는 데 성공하였다. 남북정상 간의 친밀함도 접촉횟수에 비례하는 것처럼 김정은 위원장과 훨씬 가까워진 모습을 여러 차례 연출하기도 했다.

보통의 인간관계가 접촉횟수와 접촉면에 따라서 관계가 발전되고 형성되는 것처럼 국민들 사이에 남북 간의 관계도 다를 바 없이 발전할 수 있을 것으로 기대하는 마음이 상당했다. 그러나 결과적으로는 포용 일변도의 Peace Process의 한계만 노정되어 버리는 모습을 보이고 끝났다.

현재 남북한 간의 대화는 완전 단절되어 있다. 더욱이 우크라이나 전쟁 이후에 한반도상에는 신냉전의 분위기가 갈수록 짙어 지고 있다. 미국에는 여전히 America First를 부르짖는 트럼프 대통령이 돌아왔다. 과거에도 트럼프 대통령의 America First 정책은 거친 국제정치의 세계에 한바탕 소용돌이를 일으킨 바 있다. 급기야 트럼프 대통령은 대통령 취임식 언저리에 북한의 김정은을 '핵 파워(Nuclear Power)'라고 칭하는가 하면, 2025년 2월 7일 이시바 시게루 일본 총리와의 정상회담에서는 북한의 완전한 비핵화 추진을 천명하는 한편 김정은 북한 국무위원장과의 정상회담 가능성을 시사하였다. 앞으로 러시아와 중국, 일본을 비롯한 주변 열강들까지 이때다 싶게 자국우선주의를 편하게 외쳐댈 가능성이 크다.

한국으로서는 역대 어느 때보다도 큰 도전의 시기를 맞고 있다. 이제 그야말로 국가 존망의 위기를 슬기롭게 헤쳐나가지 않으면 안 된다. 이 칠흑 같은 어둠 속에서 갈 길을 찾는 첫걸음은 북한과의 관계 개선을 위한 대화의 물꼬를 트는 일이라고 생각한다. 북한과의 군사적 대치, 그것도 북한의 핵 위협에 그대로 노출되는 국면이 계속된다면 우리는 갈 길을 찾지 못하고 헤매게 될 가능성이 크다. 주변국들의 간섭에 이러지도 저러지도 못하는 상황이 연출되기 쉽다. 이제 비현실적인 북한 非核化의 미몽에서 벗어나 북의 실체적 능력은 인정하되 우리도 힘의 균형을 이루어 가야 된다. 그렇게 우리가 독자적인 핵 정책을 추구하면 북한도 대화에 나서지 않을 수 없을 것이다.

1. 포용이 키워준 북한 핵 주먹

일찍이 베를린 장벽이 무너지고 동서냉전 종식 선언과 함께 구소련이 해체되고 동구권의 공산정권이 잇달아 무너지면서 북한 정권도 커다란 체제 위협에 직면했다. 날마다 적화통일을 부르짖던 북한이 한국과 미국으로부터 체제 생존 보장을 획득하는 것이 급선무가 되었다. 이에 북한은 1991년 김일성의 신년사에서 한반도에서의 2개 나라의 공존을 사실상 인정하는 발언을 하더니 1991년 9월에는 그동안 남북분단 고착화 책동이라며 극구 반대해 왔던 UN 남북한 동시 가입을 실행하였다. 1992년 2월에는 '남북기본합의서'와 '한반도비핵화공동선언'이 발효되었다.

이로써 북한 정권은 그들의 체제 생존을 제도적으로 담보하는 데 성공하는 한편 한반도에서 주한미군의 핵무기를 철수토록 하는 전략적 성과까지 얻어내었다. 더욱 기가 막힌 것은 북한이 비핵화 공동선언의 잉크가 채 마르기도 전인 1993년 3월에 NPT 탈퇴를 선언한 것이다. 결국 특기인 벼랑끝전술(Brinkmanship Diplomacy)로 미국과 직접 핵협상을 벌여 1994년 10월에는 '제네바 북미합의(Geneva Agreed Framework)'를 거머쥐고 김일성 사후 심화되었던 체제 붕괴의 위기까지 벗어나 버렸다.

북한 리더십의 체제 지도력과 협상전략이 성가를 드날렸던 장면들이지만 그 이면에는 한국의 포용전략이 함께한다. 이후 보수정권과 진보정권이 교대로 한국 정부를 이어가지만 결국은 정도 차이지 대북포용의 큰 흐름은 계속되었다. 극단적인 대립과 전쟁보다는 웬만하면 싸우지 않고 이기는 것이 좋기 때문이다. 거기다 남북은 한민족이 아닌가. 한국의 급격한 경제발전과 김대중 대통령의 햇볕정책은 이러한 대북포용의 궤를 더욱 논리적으로 발전시키는 데 기여했다.

2007년 전반기 남북 관계가 한창 활발해지던 시기에 필자도 국방부 군비통제정책과장으로 일하면서 『남북군비통제 추진방안』

을 수립하였다. 주로 재래식 군비통제 조치들을 연구하였고 통일 과정상 필요한 군비통제 로드맵(Road Map)도 제시하였다. 당시만 해도 2006년 북한의 첫 핵실험이 있었음에도 불구하고 북한과 협상으로 핵 개발을 저지할 수 있다고 믿었다. 김정일 위원장이 지도하는 북한 리더십의 북한체제 통제력과 대외정책 합리성을 높이 평가하는 데도 크게 인색하지 않았다.

2007년 북핵 6자회담에서 '9·19 공동성명'의 후속으로 '2·13 합의'가 도출된 성과에도 고무받은 바 컸다. 기대에 실망치 않게 2007년 10월에 노무현 대통령과 김정일 위원장 간에 남북정상회담이 성사되었고 '10·4 선언'이 발표되었다. 이명박 정권이 들어서면서도 초기에는 남북 관계 개선에 대한 기대가 적지 않았다. 당시 김모 외교안보수석이 이명박 대통령의 대선 공약이었던 한강 하구 '나들섬' 설치 지역을 확인하러 온다는 소식에 사전 점검을 했던 기억이 선하다.

불행히도 2008년 7월 금강산 관광객 박왕자 씨 피살 사건으로 결국 김 수석의 나들섬 확인 방문은 무위에 그치고 말았다. 2010년 3월 한국 해군 초계함 천안함 피격사건이 발생하면서 이명박 정부는 '5·24 대북제재' 조치로 남북 간 일반물자 교역과 위탁가

공사업을 완전히 중단시키고, 개성공단만 남겨둔다. 엎친 데 덮친 격으로 2010년 11월에는 북한의 '연평도 포격 도발'로 민간인 사상자까지 발생하면서 남북 관계는 완전히 물 건너가 버리는 형국이 되었다.

북한의 3차 핵실험(2013.2.12.) 직후 취임한 박근혜 정부도 '한반도 신뢰 Process'로부터 '통일대박론'에 이르기까지 통일을 중요한 국가정책 목표로 삼기도 했다. 18대 대선기간 가다듬어진 박근혜 대통령의 '한반도 신뢰 Process'는 "천안함과 연평도 공격으로 불신이 깊어진 남북 관계를 조속히 회복하고, 지속 가능한 평화와 공동발전의 길로 접어들 수 있도록 열린 자세로 북한의 변화를 위한 노력을 지원하고 협력할 용의가 있다"고 강조했다. 2014년 10월에는 북한의 황병서 총정치국장, 최룡해 비서, 김양건 비서 등이 인천 아시안 게임 폐회식에 참석하기도 하였다.

그러나 기본적으로 박근혜 대통령 집권기간 남북 관계는 발전보다는 퇴보에 가까운 모양새를 보인다. 우선 박 대통령 취임 직전 단행한 3차 핵실험에서 북한은 기존의 플루토늄이 아닌 고농축우라늄(HEU)을 원료로 사용했다고 주장하면서 도발을 시작했다. 북한이 핵실험에 HEU를 사용하였고, HEU 양산체제에 진입하면 사실상 협상을 통한 북한 비핵화는 무망하다는 분석 때문에 파장이 적지 않았다.

박근혜 정부 길들이기로는 처음부터 너무 심한 거 아닌가 싶더니 북한은 2013년 4월에는 해마다 하는 한미연합훈련을 빌미로 개성공단 가동을 4개월 동안 중단시키기도 했다. 2015년 북한의 목함지뢰 도발 사건 직후에는 남북 간 대화 재개의 물꼬가 트이는 거 아닌가 하는 기대가 잠시 떠오르기도 했다. 그러나 결국 박근혜 정부는 북한의 2016년 1월 4차 핵실험(수소탄 주장)과 2월 북극성 2형 장거리탄도미사일 시험발사를 이유로 2016년 2월 10일 개성공단 전면 중단을 선언하였다.

남북 관계는 상대가 있는 것이기 때문에 정부에 따라 관계성이 다를 수밖에 없다. 그러나 이명박, 박근혜 정부 시기의 남북 관계는 허망하기가 이를 데 없다. 군인 출신으로 7·4 공동성명을 탄생시켰던 박정희 대통령이나 북방정책으로 남북 관계에 새로운 물줄기를 열었던 노태우 대통령 시절과 비교하면 아쉬움이 크다.

북한은 북한대로 그들 특유의 '벼랑끝전술'로 이명박, 박근혜 정부를 몇 차례 시험해 본 결과 이들 정부와 대화로 얻을 게 별로 없다는 결론을 낸 듯하다. 김정일의 건강 악화와 취약한 후계체제 상황에서 이를 극복하기 위해 남북 간에 위기를 조성하고 핵 개발을 앞세워서 3대 세습을 성공시키고 김정은의 권력기반 강화에 모든 노력을 투입하였을 터이다. 북한이 보기에 이들 정부는 김대중, 노무현의 대북포용정책과는 결이 너무 달라서 자기들 입맛대로 요리하기가 쉽지 않다고 봤을 수도 있다.

한편에서는 한국의 보수정권 지도자나 집권층도 통일에의 열망보다는 자신들의 집권기반 수호 이익을 앞세웠다는 지적도 있다. 거기에 미국 오바마 행정부의 '전략적 인내'가 아마 남북 양 당사자들을 편하게 했을지도 모른다. 아쉬운 것은 포용이든 압박이든 포용과 압박이든 전략적으로 구사되면 국익을 증진시키고 남북 관계도 발전시킬 터인데 이들의 집권시기에는 제대로 된 전략이 보이지 않았다.

2017년 출범한 문재인 정부는 이전 정부 10년에 걸쳐 악화된 남북 관계와 북한의 5차 핵실험, 거듭되는 장거리 미사일 발사시험이라는 악조건에서 임기를 시작한다. 미국에는 'America First'의 도널드 트럼프 대통령이, 일·중·러도 마치 트럼프를 기다렸다는 듯이 각기 자국우선주의를 내세우고 나서는 형국이었다. 오히려

19세기 구한말 시기보다도 더 복잡한 격동의 한반도가 되어버린 상황에서 신사 이미지의 문재인 대통령과 동방예의지국인 한국만이 오로지 홀로 정글에 내던져지는 것은 아닌지 불편한 그림이 그려지기까지 하였다. 황준헌의 조선책략[7]식의 新조선책략이라도 있어야 이 어려운 형국을 넘어설 수 있을까? 나라의 운명을 걱정하는 사람들에게 큰 고뇌와 숙제가 함께 하였고 여기저기서 백가쟁명식 전략론이 돌출하곤 했다.

여기에 문재인 정부는 북미간의 '말의 전쟁'[8] 와중에서도 국정목표로 '평화와 번영의 한반도'를, 국정전략으로 '남북 간 화해협력과 한반도 비핵화'를, 국정과제로 '북핵문제의 평화적 해결 및 평화체제 구축'을 제시하였다. 또 이의 실천을 위하여 "국제사회와 공조, 대화와 제재 등 모든 수단을 통해 북한을 대화로 이끌고, 북한 비핵화와 평화체제 구축의 포괄적 추진으로 북핵 문제를 해결하여 한반도에 항구적 평화정착을 추진한다"라는 구상을 제시한다. 역시 대북 포용이 정책의 기조를 이루었다.

---

7) 중국 외교관 황준원이 1880년경 쓴 '조선책략'은 연미(聯美) 친중(親中) 결일(結日)을 언급함.
8) 트럼프 대통령의 대북 "완전파괴"와 "화염과 분노" 발언, 김정은 위원장의 트럼프에 대한 "늙다리 미치광이", "불망나니", "깡패", "사상최고의 초강경 조치" 발언 등이 대표적이다.

2018년 평창 동계올림픽에서는 남북 선수들이 개막식에서 한반도 깃발 아래 하나가 되어 입장하였고, 남북 공동으로 여자 아이스하키팀을 꾸리기도 하였다. 이후 남북정상회담을 세 차례나 일구어내고 미·북 정상회담까지 중재에 노력하면서 상당 수준 남북 관계가 발전하는 모양새가 보여지기도 했다.

  한국의 경제력이 커지고 국가적 위상이 높아지면서 북한에 대한 포용 수준이 점차 확대되어 가는 사이 북한은 그들 표현대로 핵 무력을 완성하였다. 나아가 미국 본토까지 넘볼 수 있는 사거리를 가진 대륙간탄도미사일(ICBM) 개발에도 성공하였다. 특히 핵무기의 완성으로 그동안 열세로 가던 대남 군사력을 일거에 역전시켰다. 북한이 적은 돈으로 한국군에 비대칭적 군사전략을 발전시키는 반면에 한국은 몇 배 이상의 엄청난 돈을 들여 방어대책을 만들어내야 했다.

  특히 북한이 핵무기를 포기하지 않는 한 이를 재래식 전력으로 억지하기 위한 투자는 '밑 빠진 독에 물붓기'가 될 것이 자명하다. 핵에 대한 근원적 대응책은 핵밖에 없다는 것이 군사전문가들에게는 상식이다. 이제는 포용만으로 북한의 핵미사일 등의 비대칭적 위협에 대응하는 데는 한계에 이르렀다. 앞으로 다음 정부도 현재의 남북대화 단절 상황을 극복하려면 과거식의 포용만으로는 안 된다. 북한이 핵 주먹을 쉽게 휘두를 수 없는 방책 강구가 최우선이 될 수밖에 없는 이유이다.

2. 덤터기만 써온 구경꾼 비핵화(非核化)

전통적으로 한반도에서의 핵무기 문제는 북한과 미국 간 직접 논의의 대상인 양 여겨져 왔다. 거의 모든 역대 정권이 북한 핵 문제는 마치 한국 문제가 아니라 미국과 북한 간의 문제인 듯이 인식하고 미온적으로 대처해 온 경향이 없지 않다. 1970년대 박정희 대통령 시절 한국의 핵 개발 이슈가 잠시 돌출된 적이 있었으나 1980년대 들어서 북한은 핵 개발을 본격화하고 1989년 영변 북핵 시설 가동 사실이 밝혀진 이후에는 더욱 더 이러한 현상이 두드러졌다.

급기야는 1992년 '한반도비핵화공동선언'으로 한국은 핵무기에 관련하여서는 모든 것을 쉽게 포기해 버린다. 선언에서 남북은 "핵무기의 시험·제조·생산·접수·보유·저장·배비·사용의 금지, 핵에너지의 평화적 이용, 핵 재처리 시설 및 우라늄 농축시설 보유

금지" 등에 합의한다. 여기서 쌍방은 비핵화를 검증하고 사찰을 실시하기로 하였는데 무산되었고, 북한은 2009년에 '비핵화공동선언' 폐기를 선언해 버렸다.

이를 통하여 냉전 종식으로 정권붕괴 위기에 빠졌던 북한은 위기를 벗어났고 한국은 핵무기는 구경도 못 해보고 핵 개발에 관한 모든 능력을 상실해 버렸다. 이후 전개된 북한 핵 문제 관련해서는 한국 정부는 거의 구경꾼 수준이 되어 버린다. 핵 대화는 다자협상이나 미북 양자협상으로 진행된다. 문제는 한국이 북한 핵 협상을 주도하거나 참여하지 않았다고 해서 협상 결과로부터 자유롭거나 완전히 상관이 없는 게 아니라는 것이다. 아니 한반도상의 핵 문제가 한국과 상관이 없을 수가 없다.

1994년 미북 제네바 기본합의에서 "미국은 북한의 흑연감속로(Graphite-moderated Reactor)를 대체하는 1,000MW급 2기의 경수로(Light-water Reactor)를 북한에 제공하는 문제를 주선하기로 하였다." 이에 따라 1995년 미국은 한국, 일본과 함께 북한에 경수로를 제공하는 다국적 컨소시엄 '한반도에너지개발기구(KEDO, Korean Peninsula Energy Development Organization)' 프로그램을 시작한다. KEDO는 관련 비용을 조달하고 북한은 이 비용을 장기, 무이자

방식으로 상환하기로 하였다.

한국은 제네바 합의 당사자가 아니면서도 경수로 건설비용 46억 달러의 70%를 부담케 되어 논란이 되었다. 2008년 완공예정으로 2001년 함경남도 신포·금호 지구에서 시작되었던 경수로 사업은 북한이 우라늄 농축을 통한 핵무기 제조를 시도함에 따라 완공으로 가지 못하고 2006년 12월에 종료하고 청산절차에 들어갔다. 한국 정부가 무이자로 대여한 경수로 건설비용 1조 3,744억 원은 지금까지 상환되지 않았고 앞으로도 상환이 요원해 보인다. 한국은 회담에는 참여해 보지도 못하고 회담결과 뒤처리만 하다가 결과도 못 보고 덤터기만 쓴 꼴이 되었다.

KEDO로 상징된 미북 제네바합의가 흔들리면서 한국과 북한, 미국, 일본, 중국, 러시아까지 6개국이 참여하는 6자회담이 대두되어 2002년에서 2008년까지 전개되었다. 6자회담은 북핵과 관련이 없을 수 없는 한반도 주변 6개국이 모두 참여하는 다자간 회의 틀이라는 데서 상당한 기대를 모았다. 6자회담이 처음으로 도출한 합의가 2005년의 '9·19 공동성명'이었다. 이를 통해 북한은 "모든 핵무기 및 현존 핵프로그램의 포기" 약속과 함께 "조속한 시일 내 핵무기비확산조약(NPT) 및 안전조치협정(safeguard agreement)에 복귀"하기로 했고, 미국은 "재래 및 핵 군사력으로 북한을 공격하지 않을 것"을 약속했다.

그러나 이후 북한은 자신들의 핵 포기 전에 미국의 대북 적대정책 포기가 선행되어야 한다고 주장하고, 미국의 방코델타아시아은행(BDA) 북한계좌 동결 해제 요구로 치닫더니 결국 2006년 10월 9일 첫 핵실험을 강행하였다. 동북아에 탄생한 옥동자 '9·19 공동성명'이 하루아침에 사문화되어 버릴 처지에 놓였다. 다행히 6자회담 참가국들이 '9·19 공동성명'의 끈을 놓지 않고 협의에 임한 끝에 2007년의 2월 13일 '9·19 공동성명'의 이행을 위한 '초기단계 조치'가 합의되었다.

이 합의는 북한에 대한 IAEA 사찰단의 복귀 허용, 북한의 모든 핵시설의 폐쇄(shutdown), 봉인(sealing), 불능화(disablement)와 북미관계 정상화를 위한 양자대화, 초기조치 이행과 현안을 다루기 위한 워킹그룹(W/G)[9] 설치, 북핵시설 불능화 기간 중 중유 100만 톤 상당의 경제, 에너지, 인도적 지원 등을 담고 있다. 9·19 공동성명 이행을 위한 2단계 조치로 6자회담 2단계 회의에서 "북한이 모든

---

9) 참가국들은 5개 실무그룹(W/G)을 설치하는데 합의했다. 1.한반도 비핵화 2.미·북 관계 정상화 3.일·북 관계 정상화 4.경제 및 에너지 협력 5.동북아 평화·안보 체제

현존하는 핵 시설을 불능화하는 등 비핵화 조치를 한다"는 '10·3 합의'가 이루어진다.

이처럼 6자회담의 발전적인 분위기와 함께 2007년 10월에는 노무현 대통령과 김정일 위원장 간 남북정상회담이 개최되었고, '10·4 남북공동선언'이 발표되었다. 2008년에는 북한이 영변 원자로의 냉각탑을 폭파한다. 하지만 이런 분위기도 오래가지 못하고, 북한이 2009년 제2차 핵실험을 실시하면서 6자회담도 역사 속으로 사라져 버렸다.

가장 큰 아픔은 세계 대통령이기를 포기(?)한 트럼프 대통령에게 한반도의 운명을 맡겨 버린 문재인 정부 시절의 미·북 핵 협상일 것이다. 한국의 희망대로 트럼프 대통령과 김정은 위원장은 2018년 6월 12일 싱가포르에서 정상회담으로 마주 앉고 공동합의문을 발표했다. 합의문의 4대 핵심내용은 "양국 국민의 평화와 번영을 바라는 마음으로 새로운 북미관계를 추진한다", "미북은 한반도에서 지속적이고 안정적인 평화체제를 구축하기 위해 공동으로 노력한다", "4·27 판문점선언을 재확인하며, 북한은 한반도의 완전한 비핵화를 위해 노력한다", "북미는 전쟁포로 유해를 발굴하기로 한다" 등이다.

이후 2019년 2월 28일 베트남 하노이에서 2차 미북정상회담이 개최되었는데 아무 합의 없이 끝났다. 북한이 영변 핵시설 폐기를 조건으로 대북제재 전면 해제를 요구했는데 미국은 영변 +α를 요구해 합의를 이루지 못한 것으로 알려졌다. 이후 현재까지 미북 간에 추가적인 정상회담은 개최되지 않았다.

2020년 6월 존 볼턴 전 백악관 국가안보보좌관이 회고록에서 "트럼프 대통령이 김정은에게 낚였다(hooked)"고 주장했다. 미북 비핵화 외교를 통해 "트럼프 대통령은 개인적 소망을 얻었고, 김정은은 당초 목표를 달성했다"고도 했다. 그러면서 미북 비핵화 외교를 "한국이 주도한 외교적 판당고(fandango)[10]"라고 비판했다. 요컨대 볼턴은 미북정상회담이 미국의 국익과 전략보다 한국의 '통일' 아젠다와 더 관련돼 있었다고 주장하였다.

어찌 보면 한국의 역할이 상당하여 트럼프 대통령과 김정은까지도 조종한 것처럼 들릴 수 있다. 그러나 미북정상회담이 Top-Down 형식으로 진행되다 보니 볼턴까지도 어쩔 수 없는 측면이 있었을 것이고, 고도의 장사꾼적 정치가인 트럼프의 속셈을 볼턴

---

10) '판당고'는 캐스터네츠를 들고 추는 스페인 서민들의 전통춤이며, 미국 정치권 속어로 '정치인의 치적 홍보 쇼'를 의미하기도 한다.

이 다 이해하기는 힘들었다고 본다. 요컨대 한국의 전략대로 미국과 북한이 놀아났다기보다는 한국 덕분에 미국과 북한이 별로 힘들이지 않고 각기 목적을 달성하였다고 보는 게 합리적이라는 생각이다. 출발은 한국의 북한 비핵화와 대북 경제제재 해제 기도로 시작하였으나 결론은 미국과 북한 지도자의 세계적 광내기로 끝난 것이다.

볼턴 말대로 북한의 대미 직접접촉 희망을 한국이 들어주었더니 '통북봉남' 결과가 되어버린 것인가? 한미군사동맹의 틀 안에서 한국이 너무나 미국의 세계 전략에 순치된 탓은 아닐까? 한국은 핵을 가질 수 있는 나라가 아니라고 온 국민이 자포자기했기 때문일까? 트럼프는 진정으로 북한 비핵화에 관심이 있었을까? 김정은이 핵을 포기할 수 있을 것이라고 철석같이 믿었던 것인가? 계속되는 의문 속에서 트럼프 대통령이 갑작스럽게 판문점을 방문해서 김정은과 군사분계선을 넘나들고 온 세계에 화상을 날리면서도 한국 대통령이 그 자리에 함께 끼이는 것을 별로 좋아하지 않았다는 후문은 실소를 자아내게 한다. 두고두고 우리의 접근이 올바른 것이었는지 다시 한 번 돌아보게 한다.

물론 이 문제를 온전히 문재인 정부의 오판이라고만 하고 싶지는 않다. 한반도 문제에 통독 시기 구소련의 고르바초프 같은 역할을 하는 인물이 출현한다면 단연 긍정적인 변수로 기대할 수 있었기 때문이다. 또 북한 정권과 대화와 접촉면을 늘려서 한반도의 미래를 위해 공감폭을 넓혀 가려는 노력을 누가 잘못됐다고 할 수 있겠는가.

다만 이제는 더 이상 북한 핵 문제를 미북 간의 문제로 치부해서는 안 되겠다는 것이다. 북핵은 한반도의 미래 운명과 관련된 문제이므로 당연히 중대 국가과제로 인식하고, 전략을 세우고, 대화를 주도하고, 목표하는 방향으로 나아가자는 것이다. 더 이상 중재자로 간만 보거나 먼발치의 구경꾼이 되지 말고 진정한 운전자가 되어야 조금이라도 우리가 원하는 방향으로 북핵문제를 이끌어 갈 수 있을 것이다.

3. 헛발질 종전선언

'종전선언'은 전쟁 당사국 간에 전쟁이 종결되었고 적대관계가 해소되었음을 국제사회에 공표하는 행위이다. 냉전 초기 최초의 열전으로 1950년 6월에 시작되었던 한국전쟁은 3년여를 지속하면서 세계전쟁에 버금가는 인명피해와 전흔을 남기고도 종전으로 매듭짓지 못하고 1953년 7월 정전협정이 체결되었다. 남북분단이 고착화되고 한미동맹이 체결되었으며 이에 대응하는 조소동맹, 조중동맹이 동북아에 출현하였다. 한반도는 세계적 대표 분쟁지역이라는 딱지를 아직까지 떼어내지 못하고 있으며 실제로 기술적으로는 아직도 전쟁 중이다. 한민족에게는 마땅히 이 땅에 종전이 선언되어 더 이상 한반도에서 전쟁이 계속되는 상황을 종식시켜야 할 터이다.

2020년 11월 "우리나라 국민 10명 중 6명은 한반도 평화를 위해 종전선언이 필요하다고 생각한다"는 여론조사 결과 하나가 발표된다. 민주평화통일자문회의의 '2020년 4분기 국민 통일여론조사' 결과이다. "한반도 비핵화와 항구적 평화체제를 위한 입구로 '한반도 종전선언'이 필요하다고 답한 응답자가 59.8%"로 나타났다는 것이다.

문재인 대통령이 2020년 9월 UN 총회 기조연설에서 한반도 '종전선언'에 관해 국제 사회에 호응을 요청한 이후 나온 여론조사다. 연설에서 문재인 대통령은 "이제 한반도에서 전쟁은 완전히, 그리고 영구적으로 종식돼야 한다", "그 시작은 평화에 대한 서로의 의지를 확인할 수 있는 한반도 종전선언이라고 믿는다"고 강조했다. 그 외에도 문재인 대통령은 국회 시정연설을 비롯해 여러 차례 "종전선언이 한반도 평화의 시작"이라는 주장을 펼친다. 문제는 북한이 핵 무력을 완성했다고 주장하는 상황에서 북핵 비핵화 없이 별개의 종전선언을 하는 것만으로는 효과를 기대할 수 없다는 데 있다.

"남과 북은 정전협정체결 65년이 되는 올해에 종전을 선언하고 정전협정을 평화협정으로 전환하며 항구적이고 공고한 평화체제 구축을 위한…"은 2018년 '4·27 판문점선언'에 명기된 내용이다. 선언대로 했으면 한반도에 이미 '종전선언'이 선포되었어야 마땅하다. 선언에서도 볼 수 있듯이 한반도에서 '종전선언'이 선포되면 한반도 평화에 상당한 발전이 있어서 평화체제를 확립할 수 있는 상태가 되었다는 얘기나 다름없다. 따라서 한반도 평화체제에 대해

전쟁 당사자 간에 구체적으로 합의된 이정표도 없이 덜렁 종전선언만 해 치운다면 공허한 선언을 위한 선언이 되기 십상이다. 문재인 정부가 추진했던 '종전선언'이 평화체제 수립으로 가는 여정이 충분히 준비되어 있는 '종전선언'인지, 아니면 정치 선언적 수준의 '종전선언'인지가 확인되어야 하는 이유다.

"북한 비핵화는 한반도 평화의 입구가 아니라 출구가 되어야 한다"는 입장에서 보면 우선 종전선언으로라도 평화 분위기를 조성하고 평화협정 체결로 나아가 단계적으로 북한 비핵화를 일구어내고 한반도 평화체제를 완성해 간다는 논리다. 지금은 '종전선언'을 운위할 단계가 아니라는 입장은 북한이 핵 능력을 계속 키워가고 있는 상황에서 종전선언은 한국 안보에 부정적인 요소가 많다는 주장이다. 우선 북한의 유엔군사령부 해체와 주한미군 철수 주장에 악용될 것이고, 한국 내 친북 세력의 활동공간만 넓혀 주기 십상이라는 것이다.

기실 한국전쟁 발발 후 70여 년이 지난 지금까지도 한반도 정전체제가 평화체제로 전환하지 못했다는 것은 그만큼 전환에 필요한 상황이 충분히 조성되지 못하고 조건이 충족되지 못했다는 사실에 다름 아니다. 따라서 문재인 정부의 종전선언이 북한의 비핵화나 평화협정 체결과 관련한 구체적인 실행계획이 준비되지 않은 별개의 종전선언만이었다면 그나마 실현되지 않은 게 다행이다. 앞으로 다시 종전선언 추진이 검토될 경우에는 그야말로 명실상부하게 한반도 평화체제를 여는 물꼬가 되어야지 과거처럼 헛물만 켜는 헛발질이 되어서는 안 될 것이다.

4. 세계적 스타가 된 김정은

김정은 북한 국무위원장은 2018년 타임 매거진이 선정하는 올해의 가장 영향력 있는 100인에 이름을 올렸다. 미국의 도널드 트럼프 대통령, 한국의 문재인 대통령도 함께 선정되었다.

2012년 말 김정일의 사망과 함께 김정은이 북한 정권의 후계자로 등장하였다. 주변국의 연만한 지도자들에 비해서 젊다기보다 너무 어린 국가지도자가 탄생했다. 그렇지 않아도 불안정한 이미지와 함께하던 북한이 이제는 동북아의 불안덩어리가 되는 순간이었다. 생김새로만 보면 건들건들 배를 내밀고 걷는 모습은 영락없는 김일성이다. 보는 사람들에게는 김일성과 김정은이 오버랩 된다. 3대 세습한 독재 권력의 정통성이 김일성이 다져 놓은 기반과 자산에 기인함을 여실히 보여 주는 장면이다. 집권 이후 김정은은 젊다고 업신여기지 말라는 듯이 정권의 후견자로 여겨졌던 장성택 숙청을 위시해서 급속하게 정치세력을 장악해 나갔다. 대외적으로는 핵실험과 미사일 개발시험을 지속해 미국 본토까지 위협하고 있다.

그러나 집권 후 만 5년여를 지나기까지 외국 정상과의 접촉은 거의 없었다. 2018년 트럼프 대통령과 미·북정상회담을 갖기까지는 정통성도 없이 무모하게 핵미사일을 추구하는 변방의 나이 어린 지도자에 불과했었다. 그러던 김정은이 일약 세계적 스타 반열에 어렵지 않게 오른다. 올려놓은 사람이 바로 트럼프 대통령이다. 존 볼턴 전 미백악관 안보보좌관이 회고록에서 주장하듯이 사진 찍기 좋아하는 트럼프에게는 문재인 한국 대통령보다 김정은 북한 국무위원장과의 앵글이 훨씬 매력적이었던 모양이다. 이후 트럼프 대통령은 "자칫 북한과 전쟁까지도 벌어질 수 있는 상황에서 자신의 뛰어난 외교력으로 북한의 핵 개발과 미사일 도발을 제어하고 평화를 유지하게 되었다"고 여러 차례 강조한다. 재집권한 트럼프 대통령은 다시 김정은과 본인이 좋아하는 사이라고 공개적으로 언급하기도 했다.

김정은 국무위원장이 리드하는 북한 정권에 대해서 새로운 한국 정부가 어떻게 상대할 것인지가 큰 숙제다. 윤석열 대통령이 집권하면서 남북 간에는 문재인 대통령 시절과는 전혀 다른 지형도가 펼쳐져 있다. 윤석열 정부의 한미일 안보협력 강화책과 대북강경 정책에 반발하여 북한은 남북 관계를 '적대적인 두 국가 관계'로 규정하였다.[11] 아울러 북한의 우크라이나 전쟁 참전 분위기까지 비화되어 한반도에는 신냉전이 격화되는 분위기가 형성되어 있다.

주지하다시피 1991년 12월 13일 채택된 남북기본합의서에서는 남북이 서로를 "별개의 국가가 아닌 통일을 지향하는 과정에서의 민족 내부 관계"로 규정하였다. 이는 남북 간의 관계를 국제법상의 국가 간의 외교 관계와는 다른 서로 민족적 차원에서 통일의 대상이자 협력의 대상으로 설정하고 인정하려는 시도였다. 기본합의서는 남과 북은 상대방의 체제를 인정하고 존중하며 특수관계에 기초하여 상호 불가침을 실천한다고도 하였다.

따라서 북한의 적대적 두 국가 선언은 1991년 이후 남북 간에

---

11) 2023년 12월 조선노동당 제8기 제9차 전원회의에서 김정은 국무위원장이 남북 관계를 '적대적인 두 국가 관계'로 규정. 2024년 10월에 열린 최고인민회의에서는 헌법 개정을 통해 대한민국을 '제1 적대국'으로 명시.

어렵사리 유지되어 오던 평화통일 분위기가 불식되었다는 것에 다름 아니다. 북한은 남한과 전쟁도 불사할 수 있고 북한식 흡수통일을 주장하는 것이나 다름없다. 북한 정권이 경제난과 국제적 고립 속에서 남한을 적대국으로 규정함으로써 내부 결속을 다지고 체제안정을 도모하려는 목적도 상당할 것이다. 그러나 요즘의 한반도 상황 같으면 언제 어떤 폭발적 상황이 등장할지 불안하기 이를 데 없다.

이제 한국도 새 정부가 들어설 가능성이 크다. 새 정부는 한반도에 드리운 핵 공포의 먹구름으로부터 우리 국민들을 편안한 평화의 마당으로 인도해야 한다. 문제는 상대가 절대왕조적 권력을 가진 김정은 국무위원장 리더십이라는 것이다. 윤석열 정권 집권 이후 짧은 몇 년 사이에 다시 악마화된 김정은 국무위원장을 위시한 북한 리더십과의 대화 자체가 우리 국민들을 편치 않게 할 수 있다. 특히 우익 성향의 국민들에게는 큰 반발을 일으킬 수도 있다.

김정일만 해도 최현을 비롯한 북한 혁명 1세대와 어린 시절을 같이 했다. 만주에서부터 김일성이 정권 기반을 굳혀가는 데 명운을 같이 한 무리들이 김정일을 후원했다. 김정은에게는 이러한 후원세력이 없다. 그럼에도 불구하고 북한 인민의 김일성에 대한 기억만으로도 김정은의 권력 백그라운드가 되고 있다. 우리가 북한 사회와 북한 정권을 이해하는 데 김일성, 김정일, 김정은에 이르는 3대 세습에 대한 이해가 필수인 이유다.

김정은 통치술을 보노라면 무슨 마법 같기도 하고 옛날 봉건시대 왕들이 저랬겠지 하는 생각이 드는 것도 사실이다. 그런 지도자를 인민들이 진심으로 따르기는 하는 것인지 그야말로 수수께끼 아닌 수수께끼가 아닐 수 없다. 그러나 북한 지도자 김정은은 현실이고 권력승계 후 이제 10년이 훌쩍 지났다. 그의 부친 김정일이 1994년 김일성의 사망으로 권력을 승계했을 때와 비교하면 여러모로 승계 준비가 부족했을 것임은 틀림없다. 그럼에도 그는 5년을 못 넘길 것이라는 예측을 보기 좋게 넘어 섰다. 북한 정세가 불가측성이 있는 것은 사실이지만 김정은의 집권이 상당기간 지속될 것으로 보는 관측이 많다. 요컨대 어리고 건방지기 이를 데 없고 세습 권력의 정당성 인정도 쉽지는 않지만 김정은 리더십도 북한 정권의 리더십이다. 그것도 절대적 리더십이다. 우리 사회에서는 상상도 못할 딸 주애를 후계자인양 동반하고 다녀도 문제가 없는 리더십이다.

또 설혹 김정은이 권좌에서 사라진다 해도 북한도 나름의 후계

구도가 있을 것이다. 북한도 하나의 국가인 만큼 한 지도자가 사라지면 다른 지도자 또는 다른 세력이 집권을 한다고 보는 것이 상식이다. 더욱이 북한은 김정은을 위시한 최소한의 추종세력이 모든 권력을 틀어지고 있다. 만일 북한의 현 권력체제가 전복된다면 운명을 함께 하여야 할 기득권세력이 최소한 수십만은 된다. 이들이 다 제거되거나 북한의 노동당이 무너지지 않는 한 북한체제는 유지된다고 봐야 한다. 단기간 내에 지금의 현 북한 지도부를 대체할 세력의 부상도 기대하기 힘든 상황이다.

북한의 리더십이 기괴할지언정 그들이 한반도와 우리 민족을 핵전쟁의 도가니로 몰아넣게 할 수는 없다. 대화상대로서는 껄끄럽고 싫지만 안개에서 칠흑으로 변화해 갈 수 있는 한반도 안보 정세를 풀어갈 평화해법의 출발은 대화상대의 실체를 인정하고 소통채널을 확보하는 데서 시작되어야 한다. 김정은을 위시한 북한 리더십을 대화의 상대로 인정하고 대화를 통해 남북 간에 평화를 조성해 나가야 할 시점이다.

5. 대화로 남북경색 풀어야

2017년 7월 북한의 대륙간탄도미사일급(ICBM) 화성-14호 시험발사, 9월의 6차 핵실험, 11월의 화성-15호 시험발사 등 미국 본토에까지 이르는 북한의 핵 위협이 이어졌다. 트럼프 대통령은 8월초에는 북한에 대해 "화염과 분노(fire and fury)"를 언급하고 군사공격 가능성까지 들먹였다. 9월 UN연설에서는 김정은을 "로켓맨"이라 부르며 '자살임무(a suicide mission)'을 수행하고 있다고 원색적으로 비난하였고 점차 비난의 강도를 높여 "리틀 로켓맨(little rocket man)"이라는 조롱 섞인 용어를 만들어내기도 하였다.

북한은 북한대로 김정은이 직접 나서 "노망난 늙은이", "불망나니", "깡패" 등 듣기에도 민망한 수사로 트럼프를 비난하였다. 상황이 악화를 거듭하면서 마치 미북이 핵 단추 크기 경쟁에 나서는 것 같을 정도로 전쟁위기가 고조되었다. 미북 정상이 서로를 미치광이라 부르고, 언론에서는 참수작전 용어가 등장하고, 참수공격 기미가 보이면 북이 선제공격할 것이라는 등 너무나 험악한 상황이 연출되었다.

2017년 한때 전쟁의 위기로까지 치달았던 미국과 북한의 대립은 2018년 6월 싱가포르 미·북정상회담이라는 극적인 결과로 전환되었다. 2018년의 사상 첫 미북정상회담에서 양정상은 '완전한 비핵화, 평화체제 보장, 북미관계 정상화 추진, 6·25전쟁 전사자 유해송환' 등 4개항의 합의문을 낳기까지 했다. 트럼프 대통령은 어린 독재자를 유감없이 달래고 품은 대전략가이면서 협상의 달인으로 추앙받을 지경이었다. 한국은 협상의 중재자 역을 자임했기 때문에 그렇게 외롭지만은 않은 결과를 기대하였다.

2차 미·북정상회담의 결렬에도 불구하고, 2019년 6월 30일 트럼프 미국 대통령과 김정은 북한 국무위원장은 판문점에서 함께 손을 잡고 남북군사분계선(MDL)을 넘는 역사적 장면을 연출하였다. 한국민들은 환호했다. 한국은 물론 세계 유수의 언론들도 트럼프의 판문점 방문의 과감성과 독창적 접근 방식에 크게 주목하였다. 미북 관계에 뭔가 돌파구가 열릴 것이란 기대가 적지 않았다.

극단적인 사례일 수 있지만 이처럼 만남과 대화가 국가 간 관계의 첫 걸음이다. 볼턴의 "미·북정상회담은 한국의 창조물"이라는 주장에도 불구하고, 그 간의 미국의 대북정책인 '전략적 인내'를 깨고 열린 대화를 시도한 트럼프의 공적을 간과할 수 없다. 트럼프 대통령이 아니었으면 핵 개발 일로의 북한의 미친 행동을 어느 누가 제어할 수 있었겠느냐부터 심지어 최근의 미국 대통령 선거에서 한국을 위해서는 트럼프가 되어야 한다는 얘기도 심심치 않게 들리곤 했다. 트럼프 대통령이 한반도 안보를 위해서 큰일을 해줄 것이라는 기대가 여전히 상당하다. 다만, 그가 김정은과의 개인적인 친밀함을 넘어 진정으로 한반도 평화에 대한 의지를 가지고 북한을 대하고 대화를 전개했었는지에 대해서는 여러 가지 의문 부호가 찍히는 것은 별론으로 하고 말이다.

또 다른 기적도 탄생하였다. 대한민국의 대통령이 2018년 9월 19일 평양 능라도 5·1 경기장에서 15만 명의 북한 주민들을 대상으로 연설하였다. 김정은의 안내와 소개로 문재인 대통령이 연단에 서는 모습으로 70년 분단의 아픔이 한순간에 사라지는 것 같았다. 그동안 한반도에 드리웠던 버섯구름의 공포와 온갖 애환이 일거에 저 멀리로 밀려가는 듯 했다.

이산가족과 탈북민들이 감동에 눈물 짓는 모습들은 차라리 아름답기까지 하였다. 연설에서 문재인 대통령은 "백두에서 한라까지 아름다운 우리 강산을 영구히 핵무기와 핵 위협이 없는 평화의 터전으로 만들어 후손들에게 물려주자"고 역설하였다. 추후 문재인 대통령은 영국 BBC와의 인터뷰에서 "북한은 능라도 연설과 관련하여 어떤 조건도 달지 않았다"고 밝히기도 했다.[12]

돌이켜 보면 문재인 대통령의 능라도 연설 외에도 우리 국민을 흥분의 도가니로 몰아넣은 남북 협상의 쾌거가 여러 차례 있었다. 1972년 7월 4일 서울과 평양에서 동시에 발표한 '7·4 남북공동성명'이 그 첫 번째다. 성명에서 남북한은 무력도발을 하지 않고 대화를 통해 자주적 통일을 추구할 것이라고 선언하였다. 남북은 1991년 9월 유엔에 동시 가입하였으며, 1991년 12월 31일 '남북기본합의서'와 '한반도비핵화공동선언'에 서명하였다. 양측은 서로의 정치체제를 인정하고 상호 내정에 간섭하지 않으며, 한반도의 비핵화를 약속하였다.

2000년 6월에는 김대중 대통령이 평양을 방문하여 김정일 위원장과 최초의 남북정상회담을 개최하고 '6·15 공동선언'을 발표하였다. 2007년 10월에는 노무현 대통령이 평양을 방문하여 김정일 위원장과 남북정상회담을 개최하고 '10·4 공동선언'에 합의하였다. 가장 최근에는 문재인 대통령과 김정은 위원장 간에 2018년

---

12) 경향신문, 2018.10.12.

4월, 5월, 9월 3차례에 걸친 남북정상회담이 있었다.

그럼에도 불구하고 아직도 한반도에는 북한의 핵 보유 때문에 검은 버섯구름의 공포가 짙게 드리운 위태로운 지경이 계속되고 있다. 핵 보유 이전에도 대남 군사적 위협을 일삼았던 북한이었다. 이제 핵까지 보유하였으니 무서울 게 없다. 과거 김정은이 트럼프에게 보낸 친서에서 "한국군은 우리 군의 상대가 되지 않는다"고 언급했다고 한다.

혹자는 곧 망할 정권과 대화는 무슨 대화냐고 할 수 있다. 미국의 소위 '전략적 인내'가 그러한 류의 일종이다. 1994년 미북 핵 협상 시에 미국은 북한이 곧 망할 것이기 때문에 제네바 미북핵협정에 서명했다는 분석이 있다. 당시 미국 측이 서구적 시각으로 북한을 이해하여 북한 조기 붕괴론에 입각해 움직인 측면도 없지 않아 보이긴 했다. 그러나 한국 정부도 이에 못지않았다. 말로는 북한 조기붕괴는 재앙이 될 것이라고 하면서도 박근혜 정부에서 통일대박론이 등장한 데는 북한 조기붕괴론이 그 기저에 있다.

새 정부에서는 한국 안보의 첫 단추로 남북대화 재개를 선언할 것을 제안한다. 북한의 실체를 인정하고 남북 경색을 대화로 풀어서 갈 길을 모르는 남북 관계에 새로운 평화적 이정표를 제시해야 한다. 우리 국민들이 한반도에 드리운 핵 공포를 벗어날 수 있도록 이제 우리도 자체 핵 정책을 갖추고 북한과 핵 균형을 이루어 북핵 문제를 주도적으로 해결해 나가야 한다.

제2장

북핵 해법
: 한반도 核 군비통제 Process

지난 세월 한국은 미국이 북한 핵 문제 해결에 나서 주어서 그저 고마울 뿐인 듯 했다. 잘 처리해 주면 좋았을 텐데 쉽게 성과가 나지 않아서 아쉬워하기만 한 것은 아닌가. 안타깝게도 한국은 북한 핵 문제를 남에게 맡겼을 정도로 핵에 대한 정책 자체가 없는 나라다.

"미국 도움 없이 남북한이 1:1로 붙으면 한국이 진다"는 국방부 정보당국자의 국회 답변이 있은 지 오래다. 물론 북한의 핵무기 보유를 상정한 답변일 터이다. 그런데 우리 정부는 아직도 북한의 핵무기 보유를 공식적으로 인정하지 않고 있는 데서 대북정책이 출발된다. 그 사이에 북한의 핵 무력과 ICBM과 SLBM 능력은 확대

일로를 걸어왔다.

두말할 것 없이 현재 한반도에서 가장 중요한 안보문제는 단연 북한의 핵 문제다. 북한은 한국전쟁 이후부터 핵 개발에 관심을 갖고 수십 년의 노력을 투자해 왔다. 이제는 핵 무력을 완성했다고 설치고 있다. 반면에 한국은 핵을 보유하고 있지 않다. NPT 가입국이고 1992년에 한반도비핵화공동선언이 발효되면서 핵 보유와는 아예 거리가 먼 나라가 되어 있다. 문제는 한국이 핵을 보유하고 있지 않고 보유할 형편이 안 된다고 해서 핵 문제로부터 자유로운 것이 아니라는 데 있다.

자유롭기는커녕 북한 핵 문제에 시달려 한반도 평화가 위태로울 지경이다. 북한은 한국 국방력을 아예 무시하고 나서더니 지난 트럼프 대통령 때에는 한국을 제쳐놓고(?) 미북 핵정상회담을 개최하는 데 성공하였다. 덕분에 김정은은 일약 세계적 스타 반열에 올랐다. 트럼프 대통령은 최근에도 김정은을 핵 파워(Nuclear Power)로 지칭하였다. 현실을 돌아보면 새로 등극한 트럼프 대통령이라 해도 북한 핵 문제를 일거에 해결할 방도는 없을 터이다. 오히려 한반도를 위시한 동북아에는 냉전 극성기 못지않은 신냉전 분위기가 조성되어 가고 있는 것이 안타까운 현실이다.

벌써 몇 년 전이지만 정말로 답답해서 지나가는 중학생에게 물어보았다. 김정은 국무위원장이 지도하는 북한 정권이 그들의 핵무기를 포기할 수 있을까? 전제조건 없이 단답형으로 질문을 했다. 답은 보통사람들이 생각하는 것과 다름이 없었다. "절대 포기 안 할 걸요!!"

이제 북핵에 대한 우리의 정책 패러다임이 바뀌어야 한다. 강한 자에게 의지하는 것만으로 한반도의 평화를 가꿔갈 수는 없다. 북한의 핵 보유 자체를 공식적으로 인정할 수 없는 저간의 사정을 이해 못할 바는 아니나 이제는 비현실적인 북핵의 비핵화 추진정책의 실효성에 대해서 다시 한 번 진지하게 재고해 볼 필요가 있다. 대신에 북핵의 존재를 인정하되 북한이 핵을 사용하지 못하도록 억제하고 관리할 수 있는 현실적인 방안을 찾아야 한다. 이렇게 하기 위해서는 우리도 북한의 핵을 억지할 수 있는 핵 능력을 가져야 한다. 다만, 우리의 핵 능력은 북핵의 공포에 대응하는 균형의 과정이며, 결국에는 남북 간 핵군축 협상을 전개할 수밖에 없다. 즉 실제 한반도에 핵무기가 존재함에도 평화유지를 가능케 하는 '한반도 核 군비통제 Process'를 제안하는 이유다.

1. 서울이 핵공격을 받으면
   어떤 일이 발생하는가?

1945년 8월 6일, 일본 히로시마에 12kt 고농축우라늄 원자폭탄이 투하되었다. 시민 24만 명 중 7만 명이 즉사하였다. 방사선에 피폭된 14만 명도 추가적으로 사망한 것으로 알려졌다.

만약 북한 핵폭탄이 서울에 떨어진다면 피해는 과연 어느 정도일까? 대표적인 핵폭발 시뮬레이션 프로그램 '누크맵(Nuke Map)'은 북한이 2017년 9월 실시한 6차 핵실험 시 확인된 위력의 핵무기(150kt)로 서울 중심부를 타격할 경우 약 300만 명의 사상자가 발생할 것으로 추정한다.[13]

누크맵(Nuke Map)을 좀 더 상세히 들여다보면, 상기 핵폭발 시 즉각적으로 반경 1.9km 크기의 화구가 만들어 지면서, 모든 건물이 사라짐과 동시에 21만 5천여 명의 사망자가 발생한다. 방사능에

---

13) 동아일보, 2020.11월 부르스 베넷 박사 e메일 인터뷰

심각하게 노출되어 몇 개월 또는 몇 년 내에 사망할 수 있는 56만여 명의 중상자도 함께 발생한다. 반경 4.2km 내의 모든 생명체는 순식간에 사라지고, 수 시간 또는 수 주 내에 사망에 이르게 할 수 있는 50-90% 수준의 치명적 방사능이 반경 11.8km까지 확산된다. 3도 화상을 일으킬 수 있는 복사열이 반경 64km까지 퍼지면서 서울시민은 물론 온 국민을 위협한다. 낙진은 풍향에 따라 달라질 수 있지만 23.3km에서 6,480km 까지도 퍼지면서 북한과 일본, 대만과 중국까지도 영향을 미칠 수 있다.

이외에도 북한의 핵 개발이 본격화된 1980년대 중반 이후에 북한 핵 개발의 위험성을 강조하기 위하여, 북의 핵무기 실제 사용 시 피해를 추산하는 많은 연구가 있었다. 대부분의 논지는 한마디로 북한의 핵무기가 서울을 타격한다면 서울은 물론 한반도 전역이 초토화되어 역사에서는 돌이킬 수 없는 피해가 발생한다는 것이다. 따라서 위험한 북한 정권의 손에 핵을 쥐게 해서는 절대 안 된다는 주장이 대세였다. 그러나 한국과 국제사회가 전개한 포용과 경제제재와 어떠한 압박 공세로도 북한의 핵 개발 저지에 실패하였다. 이제 북한의 핵 위협은 실재고, 공포는 현실이 되어버린 지 오래다.

세계적으로도 핵무기 보유국은 몇 나라가 안 된다. 핵확산금지조약(NPT)이 인정하는 핵무기 보유국은 미국, 러시아, 중국, 영국, 프랑스 5개국이다. 그 외 국제사회는 인도, 파키스탄, 이스라엘, 북한 등 4개국을 비공식 보유국으로 간주한다. 핵보유국들이 핵을 보유하게 된 이유는 자신들 나라의 안녕과 평화를 위한 것이다. 미국이 맨 처음 핵을 보유한 이후 다른 핵 국가들은 핵이 없이는 나라를 지킬 수 없다는 위기의식에서 핵 개발을 감행하였다. 한국도 북한의 핵 때문에 나라의 안녕과 평화가 위태로운 지경에 있다. 핵보유 이전에도 대남 군사적 위협을 일삼았던 북한이었다. 이제 핵까지 보유하였으니 무서울 게 없다.

그런데도 한국은 북한의 핵 위협은 한·미동맹 전력으로 대응하면 되고, 그 외 재래식 전력은 한국이 훨씬 우세하다고 자위한다. 전쟁이 나면 핵 무력과 재래식 전력의 구분은 무의미해질 것이 뻔하다. 동맹국에 100% 의지해서 핵전쟁을 치르려면 나라꼴이 지켜지거나 할 것이며 또 얼마나 큰 반대급부와 희생이 따를 것인지 걱정이 앞선다. 설마 동족에게 핵무기를 사용하기는 하겠냐고 치부하는 게 능사가 아니다. 상대가 핵 주먹을 휘두를 양이면 백약이 무효다. 이스라엘이 한국보다 미국에 덜 가까워서 핵무기를 자체 개발한 것은 아니지 않은가. 이제 북한의 핵 문제 해결을 위해 우리 한국도 한국 자체의 핵 정책을 가지고 한반도 핵 대화를 주도적으로 이끌어 가야 한다.

◆ 미국, 일본의 북핵미사일 대비 훈련

북핵 공포의 상징성이 드러나는 현장이 미국과 일본의 북핵미사일 대피 훈련이다. 미국의 하와이 주에서는 2017년 12월 1일 주정부 비상관리국 주관으로 북한의 핵미사일 공격을 가상한 주민 대피훈련을 처음으로 실시하였다. 이는 북한이 사정거리 1만 2천여km를 넘어서는 화성-15형 미사일을 발사하여 한창 국제적으로 북핵 위기가 고조되는 상황에서 실시된 탓에 하와이를 넘어 미국 전역에서 큰 관심을 끌었다.

더한 웃지 못할 상황이 이어서 발생하는데, 2018년 1월 13일 오전 하와이 주민과 관광객들은 "하와이로 들어온 탄도미사일 위협. 즉각 대피처를 찾아라. 이건 훈련이 아니다"라는 긴급 메시지를 받게 된다.[14] 하와이 주민들과 관광객들은 극심한 공포에 떨면서 대피소동을 벌일 수밖에 없었는데, 불과 13분 후에 잘못된 경보라는

---

14) news.kbs.co.kr., 2018.01.14.

게 밝혀졌다. 북핵 공포가 수천km 떨어져 바다 한가운데 있는 하와이까지 떨쳐 울리고 있음이 확인되는 순간이었다.

일본 정부도 2017년 3월 17일 아키타현에서 북한의 탄도미사일이 일본 영토에 낙하하는 상황을 상정하고 처음으로 주민대피훈련을 실시하였다. 사전 등록된 스마트폰을 통해 주민들은 속보를 전달받고, 인근 주민센터나 초등학교 등으로 대피하였다. 일본 정부는 관방장관까지 나서서 북핵 미사일 대처에 대한 국민들의 이해와 훈련이 매우 중요하다고 거듭 강조하였다.

아이러니하게도 일본에서도 '북한 미사일 발사' 오보 사태가 발생한다.[15] 2018년 1월 16일 일본 공영방송 NHK는 뉴스사이트와 모바일 앱을 통해 '북한이 미사일을 발사한 것으로 추정된다'는 속보를 전한다. NHK는 또한 뉴스·방재 애플리케이션을 통해서도 같은 내용을 알리면서 시민들은 지하 대피시설 등으로 신속하게 피난할 것을 당부하였다. 그러나 이 방송은 불과 5분후에 속보가 잘못되었다는 또다른 속보를 전하였다. 단순히 하나의 해프닝으로 치부할 수도 있겠지만, 이는 북핵과 미사일의 위협이 일본 사회에

---

15) 연합뉴스, 2018.01.16.

얼마나 큰 공포로 자리하고 있는지를 알 수 있는 상징적인 사건이라 생각한다.

아직 우리는 북핵미사일 대비훈련을 하지 않고 있다. 그러나 이제는 숙고가 필요하다. 훈련 자체가 북한에게 큰 경고가 됨과 동시에 우리 국민들의 핵 공포를 감소시킬 수 있다.

2. 한반도 비핵화 vs. 북한 비핵화

'북한 비핵화'냐 '한반도 비핵화'냐, 한반도 비핵화하고 북한 비핵화가 다른 것이냐가 날마다 논쟁거리다. 2018년 4·27 판문점 선언은 "남과 북은 완전한 비핵화를 통해 핵 없는 한반도를 실현한다", "남과 북은 한반도 비핵화를 위한 국제사회의 지지와 협력을 위해 적극 노력하기로 하였다" 등의 합의 내용을 담고 있다. 즉, 선언 어디에도 북한만의 비핵화인 '북한 비핵화' 표현은 없다. 6·12 싱가포르 미북정상회담 합의문에도 "… 김정은 위원장은 한반도의 완전한 비핵화를 위한 확실한 약속을 재확인했다", "조선민주주의인민공화국은 2018년 4월 27일 '판문점 선언'을 재확인하고 한반도의 완전한 비핵화를 위해 노력할 것을 확인한다"고 되어 있어 '북한 비핵화' 표현은 합의에 담겨있지 않다.

혹자는 "한국은 핵무기가 없으니까 한반도 비핵화는 당연히 북한 비핵화로 귀결된다"고 주장한다. 또 다른 주장은 "북한이 주장하는 비핵화는 한반도 내 핵무기를 가지고 있는 나라의 비핵화, 즉 남한에서의 미국 핵 관련 자산의 비핵화까지 포함된다"고 한다. 2019년 북한 신년사는 "북과 남이 평화번영의 길로 나가기로 확약한 이상 조선반도 정세 긴장의 근원으로 되고 있는 '외세와의 합동 군사연습'을 더 이상 허용하지 말아야 하며 '외부로부터의 전략자산을 비롯한 전쟁장비 반입'도 완전히 중지되어야 한다"고 주장한다.

즉 북한이 주장하는 비핵화는 한반도 비핵화이고 한국의 동맹국인 미국의 핵 무력이 한반도에 전개되거나 배비되는 것을 사전에 봉쇄하려는 의도가 있는 것으로 보인다. 또 일부에서는 문재인 대통령이 말하는 북한의 '비핵화 의지'라는 것 역시 북한의 비핵화가 아니라 한반도 비핵화일 뿐이라고 주장한다. 따라서 한반도 비핵화라는 것은 결국에는 핵 능력을 가진 주한미군 철수를 기도하는 북한의 전략일 뿐이라는 것이다.

그렇다면 북한은 북한이 말하는 한반도 비핵화, 즉 미국 핵 자산의 한반도 전개나 반입만 하지 않는다면 북한의 비핵화 실행에 나설 것인가? 아마 이에 대한 답은 '어불성설'이 아닐까 싶다. 이는 단순히 "북한이 핵을 포기할 것인가?"라고 질문하고 답하는 것과 다를 바 없다고 본다. 악마는 디테일에 있다고 하지 않는가! 남북, 미북 간의 여러 차례 공식적인 합의에도 불구하고 한반도 비핵화 실현이 어려운 이유는 당사자들이 각기 진실로 생각하는 비핵화의 디테일이 다르기 때문인 것이다.

한편 북한이 파키스탄식 핵 구축 모델을 꾀하는 것 아닌가 하는 관측들이 있다. 인도가 1974년 핵보유국을 선언한 이후 파키스탄도 6차례의 핵실험을 거쳐 1998년 핵 보유를 선언한다. 서방 국가들은 파키스탄에 경제제재를 단행하였고, 미국은 "파키스탄을 신석기 시대로 돌아가게 하겠다"고 공언할 정도로 강력한 제재에 들어간다. 그러나 파키스탄이 미국과의 협상에서 인도의 핵을 함께 문제 삼으며 3년을 끄는 사이에 2001년 미국에 9·11 테러가 발생한다. 결국 미국이 아프가니스탄과 전쟁을 벌이고 파키스탄이 미군의 배후기지 역할을 하게 되면서 파키스탄에 대한 제재는 3년 만에 사실상 끝을 보게 된다. 결국 파키스탄은 핵을 지키면서도 서방과 미국의 경제제재라는 난관도 벗어나는 두 마리 토끼를 잡아

낸 것이다.

　미국이 생각하는 한반도 비핵화는 북한 비핵화이고 리비아식이 최선이라고 생각할 것이라는 주장이 있다. 선 핵포기, 후 보상론이다. 그러나 카다피의 최후를 목도한 북한이 미국의 이러한 요구를 받아들일 리는 만무하다. 미국 내에서도 리비아식 북한 비핵화는 비현실적이라는 비판이 있었던 것으로 알려진다. 이에 소위 미국의 '빅딜' 논리가 출현한다. 즉 북한이 일단 모든 '핵 리스트'와 이에 따른 비핵화 로드맵을 제출하면 미국이 통 크게 제재 완화를 검토하겠다는 것이다. 미국은 하노이 미북정상회담에서 북한에 이 같은 빅딜을 요구했는데, 북한은 "미국이 지나치게 많은 요구를 했다"며 빅딜 요구를 거부했다. 반면에 하노이 회담에서 북한은 '영변 핵시설 완전 폐기'의 대가로 유엔 제재 11건 중 중요한 5건의 해제를 요구하는 소위 '스몰딜'을 시도하였는데 실현되지 않았다.

　앞으로 미북 간에 핵 대화가 열린다 해도 북한과 미국의 논리가 교차되면서 쉽게 답을 찾기는 힘들 것이다. 북한이 백기투항하지 않는 한 미북 정상이 마주 앉는 것 자체가 쉽지 않을 것으로 보인다. 북한이 러시아-우크라이나 전쟁에서 러시아 측으로 참전하면서 러시아는 북한의 든든한 뒷배가 되었다. 윤석열 대통령의 미국과 일본 중시 정책으로 한반도에는 신냉전의 기류가 완연한 형국이 되었다.

 따라서 북핵 문제에 대해서는 한국 정부의 역할이 더욱 커질 수밖에 없게 되었다. 북한 핵 문제가 마치 미북 간의 문제인 것처럼 미국만이 해결할 수 있다고 부탁하는 류의 생각 자체를 바꿔야 한다. 한국이 안보 측면에서 가장 크게 당면하고 있는 북한 핵 문제를 이제는 한국이 주도적으로 풀어가야 한다. 한국이 한반도 핵대화체를 제안하고 나아가 주도할 수 있는 힘을 가지는 방책을 찾아야 한다.

3. 북핵을 머리에 이고도 편히 잠들 수 있어야

 북한 핵은 현존하는 중대한 위협이 되었다. 마치 핵 강국들의 핵이 세계와 함께 하듯이 북한 핵도 우리 한국민의 일상과 함께하고 있다. 그동안 북한의 핵 개발과 핵 무력 완성을 저지하기 위하여 수많은 노력과 조치들이 있었지만 모두 실패했다. 국제사회의 강력한 경제제재도 실패했고, 한국 정부의 한없는 포용정책도 이렇다 할 성과를 거두지 못했다. 심지어는 세계 최강 미국 대통령까지 나서 미북정상회담까지 개최하였으나 한반도 비핵화가 쉽지 않은 일이라는 것만 다시 확인되었다.

결국 북한이 핵을 포기할 가능성은 갈수록 멀어져만 가고 있다. 이제는 한국이 북한의 핵무기를 머리에 이고도 생존할 수 있는 방법을 생각하지 않을 수 없다. 군사동맹국인 미국이 있지만 나라의 운명을 100% 미국에 의존할 수는 없지 않은가. 북한이 미국을 선제 핵공격하지 않고 한국을 선제 핵공격한 상황에서 미국의 핵확장억제전략(Nuclear Extended Deterrence)이 얼마나 신속히 발동될지도 짚어봐야 할 문제다.

심심치 않게 미국의 해외 주둔군 정책의 변화가 진행되고 있다거나 주한미군의 철수론도 언급되는 상황이 우리의 마음을 편치 않게 한다. 북한의 핵과 미사일 등 대량살상무기에 대비한 한국의 전략적 선택 방향이 강요를 받고 있는 형국이다. 북한 비핵화가 무망한 현실에서 그렇다면 과연 한국에는 어떤 선택지가 주어질 수 있을까? 정녕 우리에게는 북한의 핵 위협을 해소할 수 있는 방법이 전혀 없는 것일까? 별 수 없으니 손을 놓아 버려야 되는 것인가? 무대책이 상책인가?

결국은 북한 핵을 머리에 이고도 편안히 잠들 수 있는 방법을 찾는 수밖에 없다. 그 방법은 북한과 북핵 관련 당사국들과 핵 대화를 통해서 북핵 위협을 관리해 나가는 데서 찾는 것이 현실적이다. 일단은 비현실적인 북한의 비핵화 대신에 북핵의 존재를 인정하되 북한이 핵을 사용하거나 핵위협을 행사하지 못하도록 관리하고 억제해 나가는 것이다. 이를 위해서는 여태까지 한국이 취해왔던 포용 일변도의 대화만으로는 안 된다. 북한 핵이 위협이 될 수 없도록 하기 위해서는 한국 정부도 독자적인 핵 정책을 가져야 한다. 이 독자적인 핵 정책을 필자는 『한반도 핵 평화지대화 건설을 위한 核 군비통제 Process』라고 명명하고자 한다.

세계 최강 핵 국가인 미국과 러시아의 경우를 보자. 두 나라의 핵 무력은 지구를 몇백 번씩이라도 뒤엎어 놓을 수 있는 위력을 갖고 있는 것으로 알려져 있다. 그래도 두 나라의 핵 때문에 세상 사람들이 편히 잠들지 못한다는 소리는 못 들어 보았다. 여기에 힌트가 있다. 무서운 핵은 보유하였으되 이 무서운 핵무기를 함부로 쓰지는 않을 것이라는 약속과 믿음이 있기 때문이다. 다른 핵 국가들도 비슷하다. 하나는 핵 무력의 균형에 의한 공포의 균형(Balance of Terror)이고, 또 하나는 미국, 러시아 양국과 다른 핵보유국들이 함께 참여하는 核 군비통제 레짐(Regime)이 있기 때문이다.

우리도 이제는 핵 군비통제를 생각해 보아야 한다. 한국은 핵 보유국이 아닌데 무슨 얼토당토 않는 핵 군비통제냐는 지적이 있을 수 있다. 그러나 한국은 이미 한반도상의 핵 문제와 관련하여 여러 가지 형태의 핵 군비통제 회담을 가진 경험이 있다. 남북한은 일찍이 1992년 '한반도비핵화공동선언'에서 '남북핵통제공동위원회 구성'을 합의한 경험이 있다. 미·일·중·러, 남·북한 6자가 참여하여 2005년 '9·19 공동성명'과 2007년 '2·13 합의'와 '10·3 합의'를 도출한 경험도 있다. 2007년 남북정상회담에서 "6자회담의 '9·19 공동성명'과 '2·13 합의' 이행 노력"에 합의한 것도 한반도 핵과 관련한 사항이다. 문재인 대통령과 김정은 위원장 간의 남북정상회담인 '4·27 판문점선언'과 '9·19 공동성명'에서도 "한반도의 완전한 비핵화를 위하여 남북이 공동 노력한다"고 합의한 내용도 따지고 보면 핵 군비통제의 일환이라고 볼 수 있다.

그래도 한국은 핵보유국이 아니라고 핵 군비통제라는 접근을 마뜩치 않게 생각할 수 있다. 여기에서 군비통제의 핵심인 당사자 간 또는 잠재적국 간에 '군사적 균형'이라는 요점을 대입할 필요가 있다. 물론 핵 군비통제에서는 핵 균형이다. 따라서 한반도에서 남북한 간에 핵 균형이 필요하다는 것이고 한반도 핵 군비통제가 미국과 러시아간의 핵 군비통제와 구별되는 점이다.

즉 미·러 간의 핵 군비통제는 이미 구축된 핵 무력을 관리하는 것이 주안점이라면 주로 한국과 북한 간에 전개될 한반도 핵 군비통제는 우선 남북 간의 핵 균형을 이루어 가면서 한반도상의 핵을 관리하는 과정이 되는 것이다. 그렇다고 북한의 비핵화를 위한 노력 자체를 포기하는 것은 아니다. 북한의 비핵화를 위한 노력은 노력대로 하되 수많은 시행착오에서 확인된 바와 같이 북한의 비핵화가 비현실적인 상황을 반영하여 남북 핵 균형을 병행할 필요가 있다는 것이다.

북한도 이런 상황에 봉착하면 남북 핵 대화에 나서지 않을 수 없을 것이다. 그러나 한국의 핵 개발은 한반도 평화 정착을 위한 북한과의 핵 균형에 목표가 있다. 북한과의 핵 균형 획득 시에는 바로 핵 군축협상을 추진하고 종국에는 한반도 핵 평화지대화를 목표로 한다. 이러한 한반도 核 군비통제 Process의 출발은 "한반도 核 평화지대화" 선언으로 시작한다.

◈ 군비통제와 핵 군비통제 개념

- 군비통제란?

  '적과 싸우지 않고 대화와 협력을 통해 안보를 확보하려는 노력으로 일련의 정치·군사적 갈등 조정을 통해 갈등국 간 또는 잠재적군 간에 협력적 안보를 창출하는 개념'으로 고대 중국의 대전략가인 손자의 '적과 싸우지 않고 이기는 법'에 비견 가능.

  * 군비통제 사례 : 남북기본 합의서, 2007년 10·4 기본합의, 2018년 4·27 판문점 선언 및 9·19 공동성명 등

- 核 군비통제란?

  核무기 탄생 후 발달한 核무기 대상 군비통제정책. 냉전기 미·소 간에 핵무기 폐기의 급진적 추구보다는 보다 실효성 있고 점진적인 외교적 수단으로 완전한 核 폐기 없이도 잠재적국 간에 군사적 核 안정성을 도모할 수 있는 방법을 강구함. '62년 쿠바 미사일 위기가 결정적 계기.

  * 核 군비통제사례 : SALT(전략무기 제한협정), START(전략무기 감축협정), '1994년 미·북 제네바 핵합의'도 일종의 核 군비통제 협정임.

- 군축과 군비통제의 차이

  군축은 군비감축이 목표이나, 군비통제는 협상을 중시하고 균형을 통한 협력적 안보 창출을 목표로 하며, 최종적으로 군비감축을 도모함.

4. 사례를 통해서 보는 한반도 核 군비통제 역사

북한의 핵 개발 노력은 미국의 핵 위협을 절감하였던 한국전쟁 당시부터 시작된 것으로 보인다. 정전 이전인 1952년 조선과학원 산하에 원자력연구소를 설립하는 한편 젊은 인재들을 소련에 유학시켜 핵 지식 축적을 시작한다. 이러한 북한의 핵 개발 노력은 김일성 시대에는 내부적으로는 핵 개발 능력을 차근차근 키워가면서도 대외적으로는 "핵 개발 의지도 능력도 없고 심지어는 핵실험을 할 장소도 없다"는 식의 위장 전술을 펼쳐왔다. 그러나 1989년경 북한의 핵 개발 정황이 외부에 포착된다. 북한이 영변에 핵 시설을 설치하고 일부 가동까지 하고 있는 것으로 추정되었다. 이후에 한반도에서 북한의 핵 문제와 관련한 남북 간, 미북 간 또는 관련국들까지 참여하는 여러 가지 형태의 대화와 협상이 이루어진다. 여기에서는 앞으로 한반도상 핵 군비통제협상 추진 시 참고가 될 수 있도록 북한 핵 문제를 중점으로 다루었던 核 군비통제협상 사례[16]에 대해서 상세히 살펴보고자 한다.

---

16) 공동선언, 합의 내용 등은 네이버 지식백과(terms.naver.com), 위키백과 한국어(ko.wikipedia.org), 두산백과(doopedia.co.kr)자료를 참조하여 요약하였음.

▣ 한반도非核化공동선언 추진 경과
: 남북 간 핵협상 : 1991년 12월 ~ 1992년 12월

동서냉전 종식이 진행되는 상황에서 북한 정권은 체제 존립에 엄청난 위기를 느끼고 핵 개발에 박차를 가하였으나 1989년 핵 개발 정황이 외부에 포착되었다. 당시로서는 미국이 이를 공개하고 언론이 증폭한 것으로 되어 있으나, 불리한 전략 환경에 놓였던 북한이 미국의 관심을 끌기 위해 의도적으로 노출시켰을 가능성도 없지 않다. 어찌 됐든 이후 북한 핵 개발 문제가 한반도 안보를 위협하는 최대 위험 요소로 급부상하게 되었다. 또 그 전까지는 북한의 재래식 군사력에만 초점을 맞추어 수립되었던 미국과 한국의 대북 정책에 핵무기라는 변수가 생기게 되면서 그렇지 않아도 복잡하던 한반도 정세에 남·북·미는 물론 주변국의 이해가 크게 엇갈리게 되었다. 북한은 체제 생존이 급선무였고, 한국은 탈냉전 분위기에서 남북분단의 극복에 북핵 위기가 가중되었으며, 미국은 소련 해체에 따른 동유럽의 핵 확산 문제를 정리하던 차에 북한의 핵 문제까지 관리가 필요하게 되었다.

1990년 9월 4일 서울에서 제1차 남북고위급 회담이 개최되었

다. 1991년 9월 27일에는 조지 부시 미국 대통령이 주한 미군에 배치된 단거리 전술핵무기 철수를 선언하고, 한국에는 남북고위급회담에서 한반도 핵문제가 논의되길 희망하였다. 1991년 9월 UN 총회에서 노태우 대통령이 북한의 핵무기 개발 포기를 촉구하며 한반도 핵 문제 협의에 나설 것을 제안하였고, 그해 11월 8일에는 '한반도 비핵화와 평화구축을 위한 선언'을 발표했다. 용감하게도 핵무기의 제조, 보유, 저장, 배치, 미사용 등 남한 단독으로 비핵화를 선언하는 내용이었다. 이는 미국과 긴밀한 협의를 거친 것으로 알려져 있는데, 미국으로서는 북핵은 물론 한국의 핵 개발 의도도 함께 저지할 수 있는 양수 겸장의 기회로 생각했을 수 있다.[17]

　미국과 한국의 비핵화 조치와 선언이 실행되고 북한이 이를 환영하면서 1991년 12월 26일 남북한 간에 核 군비통제협상이 시작되었다. 협상 결과 북한은 핵 재처리시설을 포기하고 IAEA(국제원자력기구)와 핵 안전조치협정을 체결하며 IAEA의 사찰을 수용하기로 합의하였다. 남한은 그 대가로 북한이 핵전쟁 연습이라고 극렬하게 반대해 왔던 팀스피리트 훈련을 취소하기로 하였다. 드디어 1991년 12월 31일 '한반도非核化공동선언'이 채택되었으며, 다음

---

17) 한용섭, 《북한핵의 운명》, (박영사, 2018), 71-78쪽 참조

해 1992년 1월 20일 정원식 총리와 연형묵 총리가 서명하고 남북 고위급회담 6차 회담에서 2월 19일자로 발효되었다.

◆ '한반도非核化공동선언' 주요 내용

① 핵무기의 시험·제조·생산·접수·보유·저장·배비·사용의 금지
② 핵에너지의 평화적 목적 이용
③ 핵 재처리시설과 우라늄 농축시설 보유 금지
④ 한반도의 비핵화를 검증하기 위해 상대측이 선정하고 쌍방이 합의하는 대상들에 대하여 남북핵통제공동위원회가 규정하는 절차와 방법으로 사찰 실시
⑤ 공동선언이 발효된 후 1개월 안에 남북핵통제공동위원회를 구성·운영

공동선언이 발효되면서 '남북핵통제공동위원회'가 구성되고 본회의와 실무회의가 운영되었다. 그러나 이후 한반도 비핵화에는 큰 성과를 거두지 못한다. 남북 간 비핵화 검증방법인 상호사찰과 관련하여 1992년 3월부터 12월까지 13차례의 본회의를 개최하고도 별다른 성과가 없었다. 남한과 미국, IAEA는 북한의 모든 핵 시설

을 예외 없이 사찰하기를 원하였지만 북한은 '한반도非核化공동선언'에 합의된 대로 "상대측이 선정하고 쌍방이 합의하는 시설의 사찰만 가능하다"는 주장을 굽히지 않았다.

IAEA는 북한이 핵안전조치협정에 가입한 이후 1992년 5월부터 1993년 2월까지 6차례에 걸쳐 북한을 사찰하고 2곳의 미신고 시설이 있다며 '특별사찰'을 요구하였다. 이에 북한은 1993년 2월 12일 노동신문 논평을 통해 IAEA가 특별사찰을 요구하는 대상은 핵 문제와 관련이 없는 군사시설로 사찰대상이 되지 않는다고 주장하였다. 그러나 IAEA 이사회는 1993년 2월 25일 북한의 신고 내용과 IAEA 사찰 결과 사이에 북한이 최소 1개의 핵무기 제조 가능한 핵물질을 보유했을 수 있다고 주장하며 북한에 대한 특별사찰 결의안을 채택하였다. 한국과 미국은 북측의 특별사찰에 대한 호응이 없으면 팀스피리트 훈련을 재개하겠다고 북한을 압박하였고, 북한은 이에 크게 반발하면서 상황이 갈수록 악화되었다. 결국 한미 양국은 1993년 1월 26일 팀스피리트 훈련 재개를 선언하였고, 북한은 남북한 핵 협상 중단을 선언하였다.

냉전 종식기에 펼쳐진 최초의 남북 核 군비통제협상은 여러 가지로 시사하는 바가 크다. 우선 북한의 체제 유지 버팀목으로서의 핵 개발 전략이 일정 부분 성공하였음을 볼 수 있다. 북한은 핵을 빌미로 남북협상을 전개해 동서 냉전종식 위기로 조성된 체제 붕괴 위기를 벗어나는 데 성공하였다. 한반도에서 미국의 전술핵 철수라는 과실을 맛보았고 한미 팀스피리트 연합 훈련을 중단시키기도 하였다.

특히 '한반도非核化공동선언'에 합의해 주면서 남한의 핵 보유 가능성을 원천적으로 차단하는 반대급부도 얻었다. 반면에 북한은 잃은 것이 하나도 없다. 핵 재처리 시설은 계속 건립하였고, 플루토늄 재처리, 고폭실험 등도 여전히 계속했던 것으로 알려졌다. '한반도非核化공동선언'은 남북한 간에 최초로 전개된 核 군비통제 협상으로 공동선언이라는 시대의 산물을 낳았지만 실질적으로는 북한의 핵을 다잡을 수 없는 한계를 보여 주었다. 한국이 북핵 협상을 주도하였고 핵 문제에 관한 북한의 두 얼굴 전략을 구체적으로 경험한 첫 사례라 하겠다.

▣ **미북 제네바기본합의서 추진 경과**(1993.6-1994.10)
: 미북 간 제네바 핵협상/Geneva Agreed Framework

1993년 3월 12일 북한은 "NPT 본문 제10조에 근거하여 NPT

를 탈퇴한다"고 선언하였다. NPT(핵확산금지조약) 제10조는 "모든 체결국은 본 조약상의 문제에 관련되는 비상사태가 자국의 지대한 이익을 위태롭게 하고 있을 경우에는 본 조약으로부터 탈퇴할 수 있다. 탈퇴할 경우 3개월 전에 모든 조약 체결국과 UN 안전보장이사회에 통보해야 한다. 통보 시에는 동 국가의 이익을 위태롭게 하고 있는 것으로 그 국가가 간주하는 비상사태에 관한 설명이 포함되어야 한다. 또한 본 조약의 발효일로부터 25년이 경과한 후, 본 조약이 무기한으로 효력을 지속할 것인가 또는 일정 기간 동안 연장될 것인가를 결정하기 위한 회의를 소집하며, 체결국 과반수의 찬성에 따라 결정한다"고 규정하고 있다. 북한은 '남북기본합의서' 체결과 '한반도非核化공동선언'으로 세계적 냉전종식 상황에서 비롯된 급박한 체제 붕괴 위기는 넘겼지만 1993년 1월 남북 간 대화 중단을 선언하면서 다시 체제 생존 담보가 최우선적 과제가 되는 상황을 맞게 되었다.

북한은 북미 관계 개선에서 답을 찾으려 하였고, NPT 탈퇴 선언으로 미국을 협상테이블로 유인하는 데 성공한다. 미국은 1995년 4월 뉴욕에서 NPT조약 제10조에 규정된 25년 만에 열리는 NPT 조약 연장여부 검토 회의를 예정하고 있었다. 국제사회는 물론이고 무엇보다도 미국의 발등에 불이 떨어진 것이다. 결국 미국은 북미 직접협상을 요구하는 북한의 입장을 수용하여 1993년 6월 2일 뉴욕에서 미북고위급회담을 개최한다. 미국은 북한이 NPT를 탈퇴하면 NPT 핵독점체제가 위협받을 것을 우려하여 북한이 NPT를 탈퇴하기 전날인 6월 11일 북한이 NPT 탈퇴를 유보한다는 합의를 만들어낸다.

미국은 합의에서 북한의 NPT 탈퇴 유보의 반대급부로 북한에 핵 불사용 및 불위협을 약속하며, 자주권을 존중, 내정에 간섭하지 않겠다고 약속한다. 이러한 미북 核 군비통제협상은 미북고위급회담 형식으로 2차례(1993년 7월, 1994년 8월과 9월) 더 개최되어 수많은 우여곡절을 딛고 1994년 10월 21일에 '미북 제네바기본합의서'(Geneva Agreed Framework)를 정식 발효시킨다.

유감스럽게도 한국을 배제하고 전개된 북미협상은 북한의 벼랑 끝 전술(Brinkmanship Diplomacy)로 1994년 6월에는 북한에 대한 미국의 선제공격이 논의될 정도로 위기가 고조되기도 하였다. 6월 중순 지미 카터 전 미국 대통령이 평양을 방문하여 북한의 김일성 주석과 회담을 개최함으로써 겨우 위기국면을 넘긴다. 회담에서 김일성 주석은 북한이 당장 핵 계획을 동결할 것이라며 김영삼 대통령과의 남북정상회담 개최를 제의하였다. 이후 김일성 주석이 7

월 8일 사망했음에도 불구하고, 미북 간의 핵 회담은 재개된다. 북한의 강석주 외교부 제1부상과 미국의 로버트 갈루치 국무부 핵대사가 중단되었던 북미대화를 계속하여 1994년 8월 12일에는 '미북 제네바기본합의서'에 서명한다.

미북 제네바합의에서 미국과 북한은 북한 핵 위기를 해소하기 위해 정치·경제 관계를 정상화하고 핵 문제를 단계적으로 해결하기로 합의하였다. 합의의 주요 내용은 다음과 같다.

◆ '미북 제네바기본합의서' 주요 내용

① 미국은 북한에 대한 핵무기 위협과 사용을 하지 않겠다는 보장을 공식적으로 해 주기로 함
② 미국은 북한의 흑연감속로를 경수로 발전소로 대체(1천MWe x 2기) 제공하는 문제를 주선하기로 함
③ 북한 핵 프로그램 동결에 따른 에너지 부족분 보충 방편으로 경수로 1기 완공 시까지 연간 50만 톤의 대북 중유 공급 약속
④ 북한은 자신들의 핵 프로그램을 동결하고 NPT의 회원국 지위를 계속해서 유지하면서 IAEA '안전보장협정' 이행과 특별사찰 수용을 약속

⑤ 북한은 남북 간에 합의하고 1992년 2월에 발효된 '한반도 非核化 공동선언'의 단계적 이행과 남북회담의 개최도 약속
⑥ 미국과 북한은 연락사무소를 교환 설치하고 대사급 관계로 점차적으로 격상시키기로 함

이에 따라 미국은 한국 및 일본과 함께 다국적 컨소시엄인 케도(KEDO : Korean Peninsula Energy Development Organization)를 설립하여 제네바 합의의 실질적 이행을 시작하였고, 북한은 기존의 핵 프로그램을 동결하였다. 이 과정에서 한국형 경수로 제공의 중심적 역할을 수행하게 된 한국은 총 건설비용 45억 달러의 70%인 32억 달러를 부담하게 되었고 일본이 20%를, 나머지는 EU 국가들이 부담하기로 하였다.

그러나 이처럼 어렵게 탄생한 '미북 제네바합의'도 생명을 이어가기가 쉽지 않았다. 9·11 사태를 겪은 부시 미대통령이 2002년 신년 연설에서 북한을 이란, 이라크와 함께 세계 평화를 위협하는 '악의 축(an axis of evil)' 국가로 규정하면서 미북 관계는 급속히 악화되었다. 북한은 심각한 체제 위협에 당면하여 비밀리에 핵 개발

을 지속한다. 급기야 2002년 10월 북한을 방문한 제임스 켈리 미 국무부 동아태차관보에게 북한이 북한의 고농축 우라늄(HEU, Highly Enriched Uranium) 핵 개발 프로그램의 존재를 시인함으로써 북미 간의 논란 끝에 '미북 제네바합의'는 붕괴되고 만다.

2002년 11월 14일 미국은 북한이 비밀리에 우라늄 농축 프로그램을 진행하는 등 제네바합의를 위반하였으므로 중유 공급을 중단하지 않을 수 없다고 발표하였다. 이에 맞서 북한은 미국이 중유 공급 합의를 이행하지 않으므로 제네바합의를 이행할 수 없다며 동결된 핵 프로그램을 재가동시켰다. 결국 1994년의 '미북 제네바합의'는 사실상 폐기되고 소위 제2차 북한 핵 위기상황이 배태되었다.

미북 제네바 핵 군비통제협상은 출발에서부터 합의에 이르는 과정 그리고 합의가 폐기되는 순간까지를 돌아보노라면 모두가 한 편의 드라마가 아닐 수 없다. 그런데 한국이 배역에서 빠진 드라마다. 김영삼 정부, 김대중 정부 모두가 북한 핵 문제에 주도적으로 간여할 생각이 없었다. 덕분에 한국은 한반도 운명의 주역에서 철저히 소외되었다. 국제적으로도 북한 핵 문제는 마치 미국이 주도적으로 해결해야 되는 문제처럼 여겨지는 것 같은 모양새가 되었다. 결국 통미봉남(通美封南)이라던가? 미북 간 核 군비통제협상이 벌어지는 순간에도 한국의 대미정책 당국자와 대북정책 당국자는 북한 얘기를 귀동냥하는 데 그쳤다. 그러고 나서도 경제적 부담이라는 덤터기는 덤터기대로 썼다.

냉전 종식의 위기 상황에서 그대로 두었으면 진짜 무너졌을 수도 있는 북한을 한국이 동포애로 지원했던 일이 엊그제 같았는데 매몰차게 버림받아 버렸다. 1차적으로 한국의 지원을 확보한 북한은 상대를 바꾸어서 미국을 지원세력화하는 데 성공하였다. 1980년대 후반부터 급격히 일기 시작한 세계적 공산주의 퇴조의 바람을 성공적으로 빗겨 가는 데 있어서 북한은 대단한 능력을 발휘한 것이다. 여기서 미국의 북한의 핵 전략과 북한 리더십에 대한 이해가 현실에 미치지 못했다는 평가가 제기되기도 한다.

동아시아의 조그맣고 빈한한 소국 북한이 세계 제일 대국 미국을 상대로 대등하게 협상을 전개하였다고 생각하면 북한의 전략적 우수성과 협상력을 높이 평가하지 않을 수 없다. 미국의 클린턴 행정부와 부시 행정부의 정책 변화 등 다양한 환경 변화를 헤쳐 나갔을 뿐만 아니라, 북한의 인신 김일성의 죽음에도 불구하고 강력한 체제 응집력으로 북미 핵 협상을 성공적으로 이끌어간 점을 주목하여야 한다. '미북 제네바합의'는 북한의 핵전략과 협상전략의 정수를 들여다 볼 수 있는 좋은 核 군비통제협상 사례라고 할 수 있다.

■ 금창리 해프닝

북한의 핵 문제가 미국의 주요 관심사로 대두되고 미국이 적극적으로 관리에 나선 데에는 북한 핵 개발 이슈가 냉전 종식 이후 유일 세계 슈퍼파워가 된 미국의 세계 위기관리 차원의 이익과 궤를 같이 한다는 의견도 있다. 요컨대 거대 핵 강국 소련이 해체됨에 따라 미국무부와 국방부뿐만 아니라 정보당국 간에 북한 핵 문제를 자신들이 다루려는 주도권 다툼이 치열했다고 한다. 당시만 해도 세계경찰 역할에 익숙한 미국의 조야에 북한 핵 문제가 새로운 이슈로 등장하였다는 것이다.

세계의 주요 언론에도 미소대결이 사그라들던 시점에 문제 국가 북한의 핵 개발 문제는 충분히 매력적인 소재가 되었을 터이다. 그 한 사례가 1998년 북한의 금창리 지하시설을 놓고 벌어진 해프닝이다. 아니 어쩌면 북한의 전략가들이 미국과 국제사회를 대놓고 희롱한 희대의 사기극이었는지도 모른다.

사건은 1998년 8월 17일 미국의 뉴욕타임즈(NYT)가 "북한의 평안북도 금창리 지하 동굴에 핵 시설이 은닉돼 있다"는 의혹을 제기하면서 출발한다. 뉴욕타임스(NYT)의 최초 보도 3개월 후인 11월 19일 미국의 한반도 평화회담 특사 찰스 카트먼이 "한국과 미국은 북한의 금창리 지하시설이 핵 활동을 의도하고 있다는 강력한 증거가 있다는 데 의견을 같이하고 있다"는 기자회견을 함으로써 한반도는 다시 한 번 북한의 핵 개발 의혹과 관련한 위기에 휩싸이게 되었다.

그 후 금창리 지하시설을 놓고 벌어진 북한 핵 개발 의혹은 눈덩이처럼 커지기 시작하였다. 이러한 의혹들로 인해서 1994년 10월 체결된 '미북 제네바기본합의서'의 실효성과 당시 진행 중이던 4자회담이나 남북 간 교류협력 증진을 위한 각종 노력들에 대한 회의적인 시각이 크게 증폭되었다. 미국과 한국의 대북정책 특히 한국의 '햇볕정책'은 근본적인 수정이 필요하다는 비판도 크게 일었다.

이에 북한은 금창리 시설은 핵 개발과 무관하다고 주장하고 미국 측에 이러한 사실이 확인될 경우 3억 달러를 보상하라고 요구하였다. 1999년 3월 뉴욕에서 열린 미북고위급회담에서 금창리 지하시설 현장조사에 합의하고, 미국은 쌀 50만 톤을 주고 현장조사를 실시하였다. 그러나 북한의 주장대로 금창리 터널은 텅 빈 것으로 확인되었다.

■ 6자회담(남·북·미·중·일·러 참여/2003.8~2008.12)

북한의 고농축 우라늄(HEU) 프로그램 추진은 1994년 '북미 제네바합의'는 물론 NPT, IAEA의 안전조치협정과 '한반도 비핵화 공동선언'까지를 깡그리 무시한 행위였다. 미국과 한국은 북한의 핵 개발 프로그램 즉각 포기를 요구하였으나, 북한은 미국이 중유 공급 중단 등 제네바합의를 위반하여 NPT 준수가 불가능해졌다며 2003년 1월 10일 NPT 탈퇴를 선언하였다. 1993년 NPT 탈퇴에 이어 북한의 2번째 NPT 탈퇴로 한반도가 소위 2차 핵 위기 상황으로 접어들게 되었다. 이러한 상황에서 북핵 문제 해결 방안으로 강력하게 대두된 것이 바로 남북한과 주변 4개국이 참여하는 다자간 회의 틀인 '6자회담'이다.

'6자회담'은 북한의 핵 개발이 한국과 일본의 핵 개발을 촉발할 수 있다는 우려에 중국과 미국이 공감하고 중국이 중재에 나서면서 다자회담 형태를 띠게 된 것으로 알려진다. 북한은 북미 직접협상을 집요하게 기도하였지만, 이라크 침공을 준비하던 미국으로서는 북한 핵 문제에 힘을 분산하기를 원하지 않았던 것으로 보이고, 중국은 후진타오 체제 출범기에 비롯된 북한 핵 문제가 동북아 안보지형을 크게 흔들지 못하도록 관리할 필요가 있었을 터이다.[18] 이에 2003년 7월 중국 다이빙궈 외교부 수석부부장이 북한과 미국을 방문하여 다자회담을 중재하였고, 북한이 기존 3자회담국(북·중·미)에 한·일·러가 추가된 6자회담과 북미 양자회담을 병행하는 형식을 수용하겠다는 입장을 밝히면서 중국의 주최로 6자회담이 시작되었다.

2003년 8월부터 2008년 말까지 개최된 6자회담은 모두 중국 북경에서 6차례 열렸는데 총 3단계로 구분해 볼 수 있다. 제1단계는 2003년 8월 1차 6자회담에서 2005년 9월 19일 '9·19 공동성명' 합의 때까지, 제2단계는 9·19 공동성명 직후부터 2007년 2월 13일 '2·13 합의' 도출 때까지, 제3단계는 2·13 합의 이후 2008년 말 6자회담 체제 파탄 시까지로 나누어 볼 수 있다.

---

18) 송민순,《빙하는 움직인다》,(창비, 2016), p.182 참조

◇ 6자회담 제1단계(2003. 8. 27 ~ 2005. 9. 19)

1차 6자회담은 2003년 8월 27~29일 북경에서 열렸지만 공동성명도 채택하지 못하고 끝났다. 북핵 문제 해결을 위한 대화를 시작하였고 회담을 지속해서 평화적 해결 방안을 찾아보자는 상황 관리를 위한 여건 조성 정도가 성과라면 성과였다. 2004년 2월 25~28일 열린 2차 회담에서도 공동성명을 내지 못하고 "참가국들은 대화와 협력을 통해 핵 문제를 평화적으로 해결하자는 데 뜻을 같이 했다"는 의장 성명에 만족해야 했다. 3차 회담(2004.6.23.~26)에서야 미국과 북한 간에 북한 핵 문제의 단계적 해결 과정에 대한 협상의 여지가 마련되었고, 비핵화를 위한 초기 조치인 범위·검증·기간 등을 구체화하는 등 회담에 속도가 붙었다. 4차 회담은 1단계(2005.7.26.~8.7.)와 2단계(2005.9.13.~19.)로 나뉘어 진행됐다. 1단계 회의에서는 한국이 경수로 대신 '대북 직접송전'이라는 중대 제안을 내놓았지만 성사되지 못하였고, 핵 폐기 범위와 북한의 평화적 핵 이용권리 등에 대해 의견이 맞서 합의를 이루지 못하였다. 그러나 3주 후 열린 2단계 회의에서는 6자회담의 최초 합의이며 대표적 성과로 알려지는 '9·19 공동성명'이 발표되었다.

◆ '9·19 공동성명'의 주요 내용

① 6자회담 목표 : 한반도의 검증 가능 비핵화를 평화적 달성
  - 북한은 모든 핵무기와 현존하는 핵 계획을 포기할 것과, 조속한 시일 내에 NPT와 IAEA의 안전조치에 복귀를 공약함
  - 미국은 한반도 내 핵무기 부재와 북한에 대한 공격 또는 침공의 사가 없음을 확인함
  - 한국은 한국 내 핵무기 부존재와 '한반도비핵화공동선언' 준수를 확인함
  - 북한의 핵에너지의 평화적 이용 권리에 대해 여타 당사국들은 존중을 표명하였고, 적절한 시기에 대북 경수로 제공 문제 논의에 동의함
② 북미는 상호 주권존중, 평화적 공존, 관계정상화 조치를 약속하고, 북일은 관계정상화 조치를 약속함
③ 6자는 에너지·교역·투자 분야에서의 경제협력 증진을 약속
  - 한국은 북한에 대한 2백만kw 전력공급 제안 재확인
④ 6자는 동북아의 항구적 평화와 안정위한 공동 노력 공약
  - 직접 관련 당사국들은 적절한 별도 포럼에서 한반도 항구적 평화체제에 관한 협상을 가질 것임
  - 6자는 동북아의 안보협력 증진 방안과 수단 모색 합의
⑤ 6자는 '공약 대 공약', '행동 대 행동' 원칙에 입각하여 단계적 방식으로 상기 합의의 이행을 위해 상호조율된 조치를 취할 것을 합의함

'9·19 공동성명'이 1단계 회담 내내 첨예하게 부딪혔던 미국의 북한 비핵화 원칙, 즉 "완전하고 검증 가능하며 돌이킬 수 없는 방식으로의 핵 폐기"(CVID:complete, verifiable, irreversible, dismantlement)와 북한의 "외부의 에너지 지원을 전제로 한 핵 동결"을 넘어 단계적 해결방안을 모색하려는 노력을 취한 것은 평가될 만하였다. 그러나 이는 미래 방향에 대한 선언적 조치일 뿐 북한 핵의 폐기와 검증방법이 전혀 반영되지 않은 아쉬움이 큰 합의이기도 했다.[19]

◇ 6자회담 제2단계(9·19 공동성명 직후 ~ 2007년 2월 13일)

불행하게도 어렵게 탄생한 '9·19 공동성명'은 발표와 동시에 바로 난관에 부딪힌다. 미국 재무부가 '9·19 공동성명' 채택 직전인 2005년 9월 15일 「애국법」(USA Patriot Act) 제311조에 근거하여 마카오 소재 방코델타아시아(BDA : Banco Delta Asia)를 북한 불법자금 세탁 우려 대상으로 지정했고, 9월 20일 이를 관보에 게재한 것이다. 마카오 당국도 북한의 BDA 계좌를 동결하는데, 이에 따라 북한 자금 2천500만 달러가 묶이게 되었다. 미국 재무부의 조치는 BDA에 국한된 조치였고 북한 자금을 직접 동결하는 대신 BDA

---

19) 한용섭, 《북한 핵의 운명》, (박영사, 2018), p.99 참조.

를 북한의 돈세탁 우려 대상으로 지정하는 것이었으나 그 파장은 북한의 모든 해외거래가 중단되는 효과를 낳았다. 실제로 북한은 2005년 11월 제5차 6자회담 1단계 회의에서 미 재무부의 조치는 북한에 대한 경제제재나 다름없다며 BDA 문제의 우선적 해결 없이는 '9·19 공동성명'을 이행할 수 없다고 반발하고 나섰다. 그러나 미국은 BDA 조치는 북한의 핵 문제와는 별개의 금융조치라는 입장을 고수하고 오히려 북한에 대한 경제제재 조치를 확대해 나갔다.

이에 북한은 미북 양자접촉으로 해결을 꾀하면서 6자회담 개최를 계속 거부해오다가 2006년 7월 5일 대포동 2호 장거리 미사일을 시험 발사하고, 같은 해인 2006년 10월 9일에는 첫 핵실험을 감행하였다. 북한의 미사일 시험발사와 핵실험에 대해 각기 유엔안보리 제재결의 1695호와 1718호가 만장일치로 통과된다. 상황이 북한의 장거리 탄도미사일 발사시험과 핵실험 강행으로까지 악화되고 유엔안보리 제재까지 잇따르면서 미국과 6자회담 당사국들 간에 BDA 문제가 6자회담 추진을 위해 중요한 요소로 다루어져야 한다는 공감대가 형성되기 시작했다. 미국은 미국대로 11월 중간선거를 앞두고 일어난 북한의 핵실험 사태가 큰 부담으로 작용했다.

이에 미국 재무부가 북한의 합법자금에 대한 동결조치 해제를 검토하기로 한 후, 2006년 10월 19일 탕자쉬안 중국 국무위원이 평양을 방문하여 중재외교를 펼쳐 북·미·중 북경 3자회담, 미북 베를린 양자회담 등이 잇따라 열리면서 교착된 실마리가 풀려갔다. 6자회담은 2007년 2월 13일 제5차 3단계 회의에서 '9·19 공동성명'의 초기조치 이행 내용을 담은 '2·13 합의'를 도출하였다. 2·13 합의의 주요내용은 다음과 같다.

◆ '2·13 합의' 주요 내용

① 참가국들은 9·19 공동성명 이행을 위해 초기단계 향후 60일 이내에 다음 조치의 병렬적 이행에 합의함
 - 북한은 궁극적인 포기를 목적으로 재처리 시설 포함 영변 핵 시설을 폐쇄·봉인하고 IAEA 요원을 복귀토록 초청함
 - 북한은 사용 후 추출된 플루토늄을 포함한 모든 핵 프로그램 목록을 협의함
 - 미북, 현안 해결과 전면 외교관계 개선 위한 양자대화 개시
 - 미국, 북한을 테러지원국 지정 해제 위한 과정 개시
 - 미국, 북한에 대한 대적성국 교역법 종료 위한 과정 전개
 - 북한과 일본, 양국관계 정상화 목표 양자 대화 개시

- 참가국, 대북 에너지 지원 합의 및 중유 5만 톤 긴급 지원
② 초기조치 이행 및 공동성명 완전 이행 목표로 다음 실무그룹(W/G) 설치와 30일 이내 회의 개최에 합의함
   - 1. 한반도 비핵화 / 2. 미·북 관계 정상화 / 3. 일·북 관계 정상화 / 4. 경제 및 에너지 협력 / 5. 동북아 평화·안보체제
③ 초기조치 기간 및 북한의 모든 핵 프로그램 완전신고와 흑연 감속로 및 재처리 시설 포함 모든 현존하는 핵시설의 불능화를 포함하는 다음 단계 기간 중, 중유 100만 톤(초기 5만 톤 포함) 상당의 경제·에너지·인도적 지원을 제공함
④ 초기조치 이행 즉시 동북아 6자 장관급 회담을 개최함
⑤ 직접 관련 당사국들 간 적절한 별도 포럼에서 한반도 평화체제 협상을 가짐

'2·13 합의'는 '9·19 공동성명'에 이어 6자회담이 낳은 두 번째 성과로서 당시에는 상당히 의미 있는 결과로 평가되었다.

◇ 6자회담 제3단계(2·13 합의 이후 2008년 말 6자회담 체제 파탄 시까지)

6자회담 회의에서 '2·13 합의'가 이루어진 후 한 달 만인 2007년 3월 19~22일 제6차 회담이 베이징에서 개최되었다. '2·13 합의'의 이행 방안을 논의하기 위한 회의였다. 하지만 방코델타아시아(BDA)의 북한 동결자금 문제 해결이 지연되고, 북한이 이를 이유로 폐쇄·봉인 조치를 연기함에 따라, 회담 재개 약속만 하고 1단계 회의를 마무리했다.

이후 2007년 3월 미국 재무부가 BDA를 불법 금융기관으로 최종 지정하면서도 마카오 당국이 BDA 내 북한자금(2,500만 달러)을 해제하도록 허용하였다. BDA 문제가 해결되면서, 대북 중유 5만 톤 제공이 시작되었다. 이에 대해 북한도 5개 핵 시설(5MWe원자로, 50MWe원자로, 200MWe 원자로, 핵재처리시설, 핵연료공장)에 대한 **폐쇄·봉인 조치**를 개시했다.

이런 상황에서 같은 해 9월 27~30일 2단계 회의가 열렸다. 회의 결과 '9·19 공동성명' 이행을 위한 2단계 조치 '10·3 합의'가 채택되었다. 여기에서 북한은 2007년 내에 모든 현존 핵 시설 불능화 및 모든 핵 프로그램의 완전하고 정확한 신고를 완료하고 핵물질, 기술 및 노하우를 이전하지 않는다는 공약을 재확인했다. 미국은 북한과의 관계 정상화 합의에 기초하여 북한의 조치와 병행해 이행할 것이고, 일본 역시 신속한 관계 정상화를 위해 노력하기로 합의했다. 이처럼 6자회담의 발전적인 분위기와 함께 2007년 10월에는 노무현 대통령과 김정일 위원장 간 남북정상회담이 개최되었고 '10·4 남북 공동선언'이 발표되었다.

그러나 북한은 '10·3 합의'에 명시된 기한을 넘겨 2008년 6월 26일에야 핵 프로그램 신고서를 중국에 제출했고, 다음날인 27일에 영변 원자로 냉각탑을 폭파했다. 미국은 북한의 조치에 대응해 6월 26일 적성국 교역법 적용을 종료하고, 10월 11일 북한에 대한 테러지원국 지정을 해제했다.

하지만 이런 분위기도 오래가지 못하고, 북한이 2009년 제2차 핵실험을 실시하면서 6자회담도 역사 속으로 사라져 버렸다.

■ 2007년 10월 4일 남북공동선언

2007년 남북공동선언은 한반도 비핵화와 종전선언 추진, 군사적 신뢰구축, 서해 공동어로수역 설치 등 한반도 평화체제 구축을 위한 방안과 과제들을 담았다. 사실상 사문화되었던 1991년 남북기본합의서를 갈등 해결의 가이드라인으로 부활시켰다고 할 수 있다. 북한 핵 문제를 위시한 한반도 비핵화 문제에 관련해서는 "남과 북은 한반도 핵 문제 해결을 위해 6자회담 '9·19 공동성명'과 '2·13 합의'가 순조롭게 이행되도록 공동으로 노력하기로 하였다"라고 한 줄로 언급돼 있는 데 그쳤다.

노무현·김정일 남북정상회담은 노대통령 퇴임을 불과 4개월 앞두고 이루어졌다. 정상회담 후 바로 정권교체가 이루어지고 이명박 정부에서 남북 관계가 대결로 치달으면서 결과적으로 10·4 합의는 제대로 꽃을 피워보지도 못하고 사라져 버렸다.

■ 문재인 정부의 3차에 걸친 남북정상회담

◇ 제1차 : 2018. 4. 27.(평화의 집) 『판문점 선언』 발표
- 3. ④ 남과 북은 완전한 비핵화를 통해 핵 없는 한반도를 실현한다는 공동의 목표를 확인하였다.

◇ 제2차 : 2018. 5. 16.(판문점 통일각)
◇ 제3차 : 2018. 9. 18~20.(평양) 9월 평양 공동선언

◆ '9월 평양 공동선언' 핵 관련 사항 요지
- 한반도를 핵무기와 핵위협이 없는 평화의 터전으로 만들어가야 하며 이를 위하여 필요한 실질적인 진전을 이루어 나가야 한다는 데 인식을 같이함
- 북측은 동창리 엔진시험장 미사일 발사대 유관국 전문가들 참관 하에 우선 영구 폐기
- 북측은 미국이 6·12 북미 공동성명의 정신에 따라 상응조치를 취하면 영변 핵 시설의 영구적 폐기와 같은 추가 조치를 계속 취해나갈 용의가 있음 표명
- 한반도의 완전한 비핵화를 추진해 나가는 과정에서 함께 긴밀히 협력

▣ 미북 제 1, 2 차 정상회담 결과

트럼프 미국 대통령과 김정은 북한 국무위원장의 만남은 온 세계의 이목을 집중시킨 대 사건이었다. 그동안 적대시를 일삼았던 양국 정상이 자리를 같이하는 데다가 북한이 핵 무력을 과시하면서 핵 주먹 크기 비교까지 하던 관계에서 서로 평화와 번영을 함께 만들어 가자고 공동선언까지 하였다. 2차에 걸친 정상회담에서도 큰 성과로 이어지는 결과를 만들지는 못했지만 과거가 다시 주목되는 것은 트럼프 대통령이 다시 미국의 권좌로 돌아왔다는 것이다. 북미 간에 언제 다시 과거와 같은 상황이 연출될지 귀추를 주목하지 않을 수 없다. 우리의 입장에서는 더 이상 예전과 같은 구경꾼 신세로 전락하지 않도록 철저한 대비가 필요한 시점이다.

◆ **제1차 미북정상회담(2018.6.12., 싱가포르) 공동성명 주요 내용**

(전문) 트럼프 대통령, 대북 안전보장 제공 약속 / 김정은 위원장, 한반도의 완전한 비핵화 공약 재확인
(1조) 평화와 번영의 새로운 북미관계 수립

(2조) 지속적, 안정적인 한반도 평화체제 구축

(3조) 『판문점 선언』 재확인, 한반도의 완전한 비핵화 추진

(4조) 미군 전쟁포로, 실종자 유해 발굴 및 송환

※ 합의사항 완전 신속 이행, 고위급 후속회담 조속 개최

◆ **제2차 북미정상회담**(2019.2.27.~28.,베트남 하노이) : **합의 불발**

제3장

한반도 核 군비통제 추진 전략

한반도에서의 전쟁은 핵전쟁이 될 가능성이 크다. 핵전쟁은 한반도의 멸절을 의미한다. 북한 정권이 이성을 잃거나 최악의 궁지에 몰리거나 혹은 한반도에서의 우발적 충돌이 핵전쟁으로 비화되든 간에 '유발 하라리'의 표현만큼이나 한반도상의 핵전쟁은 승패와 상관없이 집단 자살의 결과가 될 것이다.[20] 그렇다면 이런 최악의 경우를 피하고 가능성을 줄일 수 있는 방법을 찾아야 한다. 2006년 북한의 최초 핵실험 이후 20년 가까이 수많은 세계적 정치·외교적 노력이 전개되었으나 북한 핵을 저지하지 못하였다. 갈수록 완성된 북한 핵 무력을 관리하는 방법은 기존의 재래식 군비통제나 정치·외교적 노력만으로는 분명한 한계가 있음을 여실히

---

[20] 유발 하라리 지음, 전병근 옮김, 《21세기를 위한 21가지 제언-더 나은 오늘은 어떻게 가능한가》,(김영사, 2018), 265-268쪽 참조

목도해 왔다.

이제는 본격적으로 핵을 중심의제로 다루는 당사자 간 핵 대화에 한국이 참여하여 '**한반도상 핵 군비통제**'를 추진하는 것이 필요하다. '**한반도 핵 군비통제 Process**'를 통해서 목적하는 것은 '**한반도 핵 평화지대화**' 실현이다. '**한반도 핵 평화지대화**'는 한반도에 핵무기가 존재하더라도 사용하지 못하도록 '핵 군비통제'를 통해서 제도화하고 관리하는 것이다. 그리고 이를 통하여 한반도에 튼튼한 평화체제를 구축하는 것이다.

한반도 핵 군비통제 추진 역시 굳건한 안보태세 확립과 미래 국방전력 강화를 전제로 하는 것이 기본이다. 한국이 핵 보유 정책을 선언하고 나서면 북한이 핵 동결에 응할 수 있다고 나올 수도 있다. 그러나 번번이 비핵화를 공언하고도 아무것도 실천하지 않아 온 북한의 전략을 곱씹어 보지 않을 수 없다. 이제는 우리도 제대로 된 핵 정책을 가지고 지금의 핵 질곡을 헤쳐 나가는 게 급선무다.

이를 위한 대책으로 '**한반도 핵 군비통제 Process**' 추진을 제시하는 것이며 다음 순서에 따라 관련 논의를 전개해 보고자 한다. 먼저 1. **핵** 질곡에 빠진 한국 안보 상황을 다시 점검하고, 2. 한국

정부가 독자적 핵 보유 정책으로 가는 길을 살펴본다. 이어서 3. 한국은 핵을 보유하더라도 절대 사용하지 않을 것임을 천명하고, 4. 북한과의 핵 균형이 이루어지면 최종적으로 당사자 간 핵 군축 협상에 돌입하여 '한반도 핵 평화지대화'를 실현하는 것이다.

1. 북한 核 질곡 벗어나기

상대는 핵 주먹을 휘두르는데 당해낼 재간이 없다. 별 수 없이 힘센 이웃의 도움을 받아야 한다. 언제 당할지 몰라서 안심이 안 되니 이웃과 공동 감시체계도 구축하고 이웃에게 우리 집에도 좀 와 있으라고 부탁했다. 그래도 모든 불안이 해소되지는 않는다. 상대가 언제 어떤 상황에서 핵 주먹을 휘두를지 알 수 없기는 마찬가지다. 또 상대가 이성을 잃고 핵 주먹을 휘둘러대면 아무리 강한 이웃이라도 쉽게 같이 핵 주먹을 휘두르지 못할지도 모른다. 같이 다칠 수도 있기 때문이다.

웬만하면 상황을 더 악화시키기보다는 우리 쪽을 말려서 다툼을 중지시키려 할 가능성도 있다. 우리는 겁에 질려 있다가 이제는 구원군인 이웃까지 싸움에 말려들기를 원치 않으니 핵 주먹을 가진 상대가 더 무서울 수밖에 없다. 별 수 없이 이웃에게 상대로부터 더 싸우지 않겠다는 보증을 받아달라고 중재를 요청한다. 상대는 싸움 포기의 대가로 이웃이 우리 집에서 물러나길 요구한다. 당장 싸움은 그쳤지만 앞으로가 더 문제다. 이웃은 짐 쌀 준비를 하는데 상대가 다시 핵 주먹을 내세우면 어찌해야 할 것인가?

너무나 잘 알려진 대로 북한은 세계적으로도 상당한 빈곤국이다. 심지어는 2018년에도 "북한 인구의 약 40%에 해당하는 1천만 명이 넘는 주민들이 영양실조 상태에 놓여있으며, 인도적 원조를 필요로 한다"고 세계식량계획(WFP)이 경고했을 정도다.[21] 북한의 핵 개발과 장거리 탄도미사일 발사시험 이후 갈수록 강화되어 온 국제사회의 경제제재를 생각하면 북한 사회가 어떻게 체제를 유지해 나가는지가 신기할 정도다. 남과 북의 경제력 차이가 40배를 넘었다는 얘기를 들은 지는 벌써 오래되었다. 국방비도 물론 차이가 클 수밖에 없다. 그런데도 남북한이 1:1로 전쟁을 하면 북한이 이긴다는 얘기가 심심치 않게 나온다. 바로 북한의 핵무기 때문이다.

북한은 이미 1980년대 초반부터 한국과의 경제력 격차가 심화

---

21) SBSNEWS, 2018.10.10.

되는 상황에서 재래식 군비경쟁이 불리함을 일찍이 깨달았다. 급기야 북한은 재래식 무기 투자에 비해 상대적으로 적은 비용이 소요되며 한국과 비대칭적인 핵·미사일·화학·생물 무기 등 대량살상무기체계(WMD: Weapons of Mass Destruction) 개발에 박차를 가한다. 실제로 북한이 6차 핵실험에서 보여준 50kt 수준 핵무기 1-2개만 보유하였다 하여도 그 파괴력은 일본 군국주의를 무조건 항복으로 이끌어낸 원폭 2기를 넘어선다. 핵무기가 재래식 전력과는 무섭게 차별되는 절대무기라는 사실을 보여주는 대목이다.

특히 북한의 핵무기와 미사일 개발은 서방세계 전문가들의 예상을 훌쩍 뛰어넘어 빠른 속도로 발전해 왔다. 북한은 여섯 차례의 핵 실험을 거쳐 수십 개 이상의 핵무기를 보유한 사실상의 핵보유국으로 기정사실화되어 있고, 1만km 이상의 사거리로 미국 본토를 위협할 수 있는 장거리탄도미사일(ICBM) 보유국가가 되었다. 2020년 10월 10일 북한 노동당 창건 75주년 기념 열병식 장면이 상징적이다. 이 열병식에서 북한은 신형 대륙간탄도미사일(ICBM)을 공개하였는데, 사거리 1만km를 넘는 것으로 추정된 기존 화성-15형(2017년 11월 공개)에 비해서도 길이가 길어지고 두께도 굵어졌다. 2023년에 공개된 북한의 최신형 대륙간탄도미사일(ICBM) 화성-18호는 고체연료 기반의 ICBM이다.

한편, 요즘 시대에 한반도에서 대규모 전쟁이 발생할 수 있을까? 현실적으로 한반도에서 핵전쟁이 발생할 수 있을까? 김정은 정권이 아무리 무도하고 절박하다고 하여도 같은 민족인 한국을 대상으로 핵무기나 생물무기, 화학무기 등을 사용할 수 있을까? 핵무기를 사용하면 미국의 보복으로 북한 정권도 멸절 위기에 처할 텐데 감히 핵전쟁을 일으킬 수 있을까? 북한의 핵무기는 정권 생존을 위한 보신용이고 협박용이지 실제 사용 가능성은 적지 않을까? 등등의 질문들이 있을 수 있다. 모두 합리적인 질문이지만 또 한편으로는 한반도상에서 절대 대규모 전쟁과 핵전쟁이 발생하지 않을 것이라고 단언할 수 있는 사람은 없을 것이다. 오히려 북한이 핵미사일과 생물, 화학무기 등 대량살상무기를 사용할 수도 있다는 최악의 경우를 상정하고 대비태세를 강구하는 것이 상식일 것이다.

"김정은 위원장이 북한 내에서 자신의 입지가 흔들린다고 판단하면 한국 침공을 단행할 수도 있다. 북한 정권은 지속적으로 핵무기로 선제공격할 것이라고 위협해 왔고… 북한은 전쟁 시작부터 핵무기를 사용한다는 방침을 갖고 있다." 브루스 베넷 박사의 2020년 11월 충격적인 동아일보 인터뷰 내용이다. 우선 북한이 핵무기로 한국을 선제공격할 수 있다는 가정은 북한 핵무기는 대남용이 아닌 대미용이라는 혹자들의 주장을 무색케 한다. 핵 문제를 미국과 북한의 대화와 협상에 맡기고 중재하는 식의 기존 한국 정부의 정책에 심각한 의문을 갖게 하는 대목이다.

미국 개입이 없다는 전제하에 남북한 간에 전쟁이 발발하여 북한이 핵무기를 사용하여도 결국은 한국이 이긴다는 낙관적인 견해를 가진 한국 군인들도 꽤 있다. 한국에 비해 절대 열세인 북한의 경제력과 낙후된 군장비와 무기체계로는 전쟁 초기 한국의 단기적 열세에도 불구하고 결국 북한은 전쟁 지속능력에 한계를 보일 수밖에 없다는 것이다. 여기에 군사동맹관계인 미국이 전쟁에 개입한다면 북한체제의 종말을 의미한다는 것이 미국의 적극적인 개입을 상정하는 핵우산론자들의 결론이다.

만일의 경우 북한이 미국을 선제 핵공격하지 않고 한국을 선제 핵 공격한 상황에서 미국의 핵확장억제전략(Nuclear Extended Deterrence)이 얼마나 신속히 발동될지도 짚어봐야 할 문제다. 심심치 않게 미국의 해외 주둔군 정책의 변화가 진행되고 있다거나 주한미군의 철수론도 언급되는 상황이 우리의 마음을 편치 않게 한다. 북한의 핵과 미사일 등 대량살상무기에 대비한 한국의 전략적 선택 방향이 자체 핵무장을 피할 수 없게 강요받고 있는 형국이다.

한반도에 핵전쟁이 발발해서 한두 발이 아닌 수십 발의 핵무기가 사용이 된다면 남북 간에 승자는 누가 될까? 미국이 될까? 아니면 일본, 중국, 러시아?

2019년 9월 출간된 밥 우드워드 기자의 저서 『분노(Rage)』에는 "2017년 미북 간에 군사적 긴장이 고조되었을 때 미군의 작계 5027에는 핵무기 80발의 사용도 포함되어 있었다"고 적혀 있다. 미국이 북한의 핵무기 사용에 대해 등가보복의 개념을 갖고 있다고 하면 한반도상에 최소한 2개 이상의 핵무기가 사용될 수 있다. 북한의 6차 핵실험에서 추정된 50kt의 파괴력을 상정하고 브루스 베넷 박사가 주장한 한 개 당 300만 명의 살상력을 추정하여 최소 2개의 핵무기가 한반도에서 폭발하면 600만 명 이상이 살상된다. 가히 한반도 전체가 핵폭발의 영향력을 벗어날 수 없는 지경이 된다. 최소한의 핵폭발을 상정한 경우가 이럴진대 5개, 10개 이상의 핵무기가 사용된다면 한반도가 형체나 유지가 될까 의심스럽다. 그 전쟁에서 승자는 누구일까?

"북핵 공격 징후가 포착되면 자위권 차원에서 미국의 동의 없이 선제 타격을 하겠다"고 2013년 정승조 합참의장이 언급한 바 있다. 당시 한국 정부는 북한이 핵무기 등 대량살상무기를 사용할 긴급징후가 포착되면 30분 이내에 적을 선제 타격한다는 계획을 발전시킨 것으로 보인다. Kill-Chain(선제타격체계), KAMD(미사일방어체계), KMPR(대량응징보복체계)로 대표되는 소위 한국형 3축 체계 중에 Kill-Chain 작전이 그것이다. 그러나 2013년 당시만 해도 북한의 미사일이 액체연료를 사용하고 있어 연료 주입 시 사전포착이라는 시나리오가 가능했지만 이제 북한은 이미 고체연료를 사용하고 있다. 또한 북한의 모든 선제공격 징후를 완전히 포착한다는 것 자체가 사실상 어렵다는 점도 감안해야 한다.

북한은 이처럼 수십 년간에 걸쳐 핵무기를 개발해 왔고 핵 무력 활용 전략을 발전시켜 왔다. 노령의 세계 대통령이 아들뻘도 안 되는 북한 지도자와 마주 앉는 것을 자랑스럽게 여길 정도로 성공을 거두었다. 반면에 한국은 자국의 운명과 관련된 문제에 주도권을 완전히 상실하였다. 핵이 없기 때문이다. 핵 정책 자체가 없기 때문이다. 북한이 핵을 포기하지 않는다면 한국도 핵무기를 개발하고 보유하여 핵 주권을 가져야 할 필요성이 갈수록 커지는 이유이다.

2. 남북 간 核 군비통제 협상 추진

한국은 핵보유국이 아닌데 무슨 얼토당토않은 핵 군비통제를 운위하느냐는 지적이 있을 수 있다. 그러나 한국은 이미 한반도상의 핵 문제의 당사자다. 당사자가 아니라면 오히려 이상한 것이다. 한국전쟁을 치렀고, 지금도 전쟁 당사국의 하나이며 아직도 기술적으로는 전쟁 중인 북한이 핵을 개발하여 세계 9번째 핵보유국이 된 상황이다.

얼마 전까지만 해도 소국인 북한이 자위적 수단으로 핵무기를 개발할 수 있는 것 아니냐는 북한에 대한 이해 아닌 이해도 이제는 필요 없는 단계다. 북한의 핵 보유로 50배 이상까지 차이나는 남북한 간의 경제력 격차와 족히 10배가 넘는 국방비 투자액 차이에서 비롯되는 북한 군사력 열세에 대한 평가도 순식간에 뒤집어져 버렸다. "핵이 없는 한국은 더 이상 북한의 군사적 상대가 아니다"라든가 "핵이 없이 북한 핵을 제어할 방법은 없다"라는 표현은 이제는 보편적인 상식으로 들린다. 다만 한국 정부만이 이를 공식적으로 받아들이는 것을 힘들어하고 있었을 뿐이다.

북핵과 관련한 협상 궤적을 살펴보면 남북 간의 대화뿐만 아니라 미·북 대화, 미·중·남·북한이 참여한 4자 회담, 미·일·중·러·남·북한이 참여한 6자 회담에 이르기까지 다양한 형태의 협상과 대화가 진행된 바 있다. 등장하는 당사국과 관련국들만 보아도 한반도 안보문제와 북한 핵 문제가 얼마나 복잡한 구조 속에 처해 있는지를 알 수 있다. 문제는 이 구조 속에서 핵을 보유한 북한의 영향력이 오히려 경제력이 수십 배에 달하는 한국을 넘어서는 경향이 있다는 것이다. 이제 한국의 새로운 정부는 독자적인 핵 정책을 가꾸어 북한이 만들어낸 핵 질곡을 과감히 헤쳐나가야 한다. 그리고 기본적인 정책방향만큼은 선언 형태로 대외적으로 공개하여야 협상력을 담보할 수 있다고 본다.

우선 **제1단계**로 대통령이 '한반도 핵 평화지대화' 및 '핵 군비통제' 추진을 대내외에 선언한다. 새 정부가 수립된다면 21대 대통령이 될 것이고 선언시기는 신임 대통령의 첫 국회 시정연설 시 등을 고려할 수 있을 것이다. 선언은 궁극적으로 핵 위협과 핵전쟁이 없는 한반도 핵 평화지대화 실현을 위하여 한국이 추진하는 한반도 핵 군비통제협상에 북한을 비롯한 미·일·중·러 등 주변국과 국제사회가 동참해 줄 것을 촉구하는 것으로 시작된다. 그리고 북핵의 일방적 非核化 요구가 아닌 상호 호혜적인 열린 핵 대화를 추진하는 것을 기조로 한다. 선언에는 또한 한국도 필요 시 독자적 핵 능력 구축이 가능함을 표명하고 수행기구로 가칭 '미래 핵 연구위원회' 등이 설치될 것임도 함께 밝힌다.

한반도 核 군비통제협상 추진 시에는 1차적으로 북한 非核化 협상 추진과 함께 필연적으로 남북 간에 재래식 군비통제 협상도 병행 추진되어야 한다. 남북 군사당국 간에는 이미 군사적 신뢰구축 조치를 위시해 여러 차례에 걸쳐서 다양한 협력 방안을 논의해 온 바 있다. 최근에도 문재인 정부에서 2018년에 남북 간에 체결된 '9·19 군사합의'를 비롯하여 여러 전범들이 있다.(문재인 정부 국정백서, "평화와 번영의 한반도" 75p 참조) 또 동시에 북한의 대화참여 동기부여 차원에서 그동안 중단되었던 개성공단 가동, 금강산 관광재개 및 남북철도 연결 협상 추진도 재개할 것을 함께 천명하는 것도 검토할 만하다.

제2단계는 북한 비핵화가 불가능하다고 판단될 경우, 적극적 대북 핵 균형 유지 차원에서 미국의 핵 장착 전략무기 한반도 상시배치 또는 전술핵 반입을 추진한다. 미국이 제공하는 확장 억제력을 한국과 미국이 공동운영하는 체제(NATO와 미국식의 핵공유제도) 확보도 함께 검토할 수 있다고 본다. 앞서 수차례 짚어 봤듯이 북한의 비핵화는 사실상 불가능할 것으로 보인다. 한반도 핵 군비통제 1단계 추진 방안에 우선적으로 비핵화 논의를 제시하는 것은 평화를 논하는 군비통제 마당에 무조건 한국의 핵무장을 앞세우게 되면 남북 간의 대화보다는 대결로 치달을 가능성이 크기 때문이다. 우선 남북 간에 완전 중단된 대화의 길부터 트자는 목적이 크다.

2단계 시점이 되면 북한이 핵 동결 협상 쪽으로 선회하기가 쉬울 것으로 예상된다. 그것도 한국 대상이 아니라 미국과 직접상대하려고 획책할 가능성이 크다. 북한은 미국과의 협상 기회를 만들기 위해 그들의 특기인 엄청난 벼랑끝전략(Brinkmanship Strategy)을 구사할 수도 있다. 미국의 트럼프 대통령과도 합이 맞는 전략으로 갈 것이기 때문에 자칫하면 쓰라린 과거의 구경꾼 경험이 되풀이 될 수 있다. 이번에는 절대 우리가 국외자가 되지 않도록 사전에 치밀한 검토와 대비가 필요하다.

아울러 2단계에서는 남북 정상 간에 한반도상 핵무기 불사용을 선언하고 정상간 Hot-Line 구축도 추진한다. 남북 상호간 핵실험이나 미사일(Missile) 발사시험 사전 통보 등 주요 군사정보 교환 합의도 추진한다. 남한 자체적으로는 북한의 핵·생물·화학 무기 공격 대비 방어·방호체계를 강화하고 국민들의 북한 핵공격 대비 훈련도 실시한다. 기존의 가칭 '미래 핵 연구위원회'를 '미래 핵 계획위원회'로 전환 추진하여 우리의 핵무장 능력 확보 추진을 구체화한다.

3. 보유하되 사용하지 않는다

북한이 이러한 1, 2단계 연성 조치에도 전혀 응하지 않는다면 한국도 **제3단계로 NPT 탈퇴를 선언하고 독자 핵무장 추진을 선**언한다. 남·북 또는 한·미·북한 간 비핵화와 핵 동결 협상에서 진전을 기대할 수 없고, 국제적 핵 관리체제 구축 전망도 희박할 경우에 한국이 취할 수밖에 없는 불가피한 선택이다. NPT를 탈퇴하면 일부 국제사회의 비난과 제제가 따를 수 있겠지만 국가 생존지망의 상황에서 얼마든지 극복 가능하다고 본다. 이 경우에도 미국과 일·중·러 동북아 제국과 안보협력 차원의 논의를 계속하는 것도 '核 군비통제 Process'의 일환이다.

◈ 핵확산금지조약(NPT: Treaty on the Non-Proliferation of Nuclear Weapons) 제10조 1항

- 제10조 내용 : 모든 체결국은 본 조약상의 문제에 관련되는 비상사태가 자국의 지대한 이익을 위태롭게 하고 있을 경우에는 본 조약으로부터 탈퇴할 수 있다. 탈퇴할 경우 3개월 전에 모든 조약 체결국과 UN 안전보장이사회에 통보해야 한다. 통보 시에는 동 국가의 이익을 위태롭게 하고 있는 것으로 그 국가가 간주하는 비상사태에 관한 설명이 포함되어야 한다.

- 영어원문 : Article X. 1. Each Party shall in exercising its national sovereignty have the right to withdraw from the Treaty if it decides that extraordinary events, related to the subject matter of this Treaty, have jeopardized the supreme interests of its country. It shall give notice of such withdrawal to all other Parties to the Treaty and to the United Nations Security Council three months in advance. Such notice shall include a statement of the extraordinary events it regards as having jeopardized its supreme interests.

한국이 핵 보유를 대내외에 천명했을 때 나타나는 상황들을 그려보자. 한국마저 핵을 보유하게 된다면 한반도에 핵전쟁 가능성이 더 커지는 것 아닌가? 한국이 핵을 보유한다고 모든 문제가 다 일거에 해결되는가? 이웃 나라 일본이 가만히 있겠는가? 북한은 차치하고 중국이 강력하게 반대할 것이다. 동맹국인 미국과 서방 국가들의 이해와 동의가 수반될 수 있을까? 여태까지 한국이 북한의 비핵화 내지 한반도 비핵화를 위해 쏟아부은 모든 노력과 평화 애호국으로서의 이미지가 송두리째 날아가 버릴 것이다. 수출 중심으로 경제가 돌아가는 한국이 유엔을 비롯한 국제사회의 경제 제재를 이겨낼 수 있을까? 심지어 한국은 국내 반대론자들의 반대도 극복하지 못할 것이다 등 수많은 반대와 난관에 봉착할 것이 자명하다.

여기서 "**한국은 핵을 보유하되 사용하지 않는다**"는 것이 한국 핵 정책의 대명제가 되어야 한다. 현존하는 중대한 위협 때문에 불가피하게 핵을 보유할 수밖에 없게 되었으나 핵을 선제적으로 사용하는 일은 절대 없음을 대내외에 천명한다. 사용하지도 않을 핵을 만들기는 왜 만드느냐? 핵무기 만든다고 국민들을 경제적 도탄에 빠뜨려서 과연 무엇을 얼마나 얻겠다는 것이냐? 그렇게 비판하던 북한과 똑같은 길을 걷고 있다. 핵을 사용하지 않는 게 아니라

보유하지 말아야 한다는 주장이 요원의 불길처럼 전국을 불태울 수도 있다. 하지만 한국의 핵무장은 평화를 목적으로 하는 불가피한 선택이고 북한과 공포의 균형을 넘어 평화의 다리를 함께 놓는 디딤돌이 될 것임을 명백히 하여야 한다.

최종적으로는 결국 폐기할 핵 무력을 왜 쓸데없이 구축하여 국가 예산만 낭비하는 것 아니냐는 비판도 있을 수 있다. 기실 우리가 핵 정책을 가진다는 것은 그 자체가 국방예산 투자방향의 재검토를 수반하게 된다. 그동안 북한의 핵·미사일 등 非對稱 전력의 위협에 대응해 오느라 없지 않아 국방예산의 효율적 사용이 제한되는 측면이 있었다. 반면에 남북 간에 핵 군비통제 협상이 전개되어 한반도상 핵 관리체제를 제도화해 나가는 길이 우리 국방예산 효율화와도 궤를 같이 한다. 요컨대 우리가 제대로 된 핵 정책을 가지게 되면 국가 예산 측면에서도 재래식 군사력 건설로만 북핵을 억제하고자 하는 경우보다 훨씬 경제적인 방책이 될 수 있음을 강조하고자 한다.

◈ 미소 핵 균형이 가능케 한 ABM 조약

ABM 조약(탄도탄요격미사일제한조약 : ABM Treaty)[22]은 냉전기인 1972년 미·소간에 체결된 탄도탄요격미사일을 제한하는 조약이다. 미·소간 제1차 전략무기제한협상에서 전략핵 억제의 안정화를 목적으로 합의된 조약이다. 내용을 알고 보면 核 군비통제의 백미라고 아니할 수 없다. 미·소의 핵무력이 지구와 인류 자체를 몇 번씩이라도 멸절시킬 수 있을 정도로 커지면서 핵전쟁을 억제할 고육지책으로 탄생한 조약이다. 따라서 ABM 조약은 일종의 핵무기에 대한 방어를 포기 수준으로 제한한다. 요컨대 어느 일방이 핵 방어 능력을 우월하게 구축하여 상대적인 핵 우위를 확보하지 못하도록 핵공격에 대한 상호취약성(Mutual vulnerability)을 유지하는 것이다.

이 조약은 2002년 2월 16일 미국의 조약 탈퇴로 효력을 상실하였다. 미국은 조약이 냉전시대에 맞춰진 것으로 새로운 안보위협(특히 테러조직이나 불량국가의 미사일 위협)에 대응하기 위하여 미사일 방어

---

22) 탄도요격미사일제한조약 [ABM Treaty; Treaty between the USA and the USSR on the limitation of anti-ballistic missile system] (21세기 정치학대사전, 정치학대사전 편찬위원회)

시스템을 개발할 필요가 있다고 주장하였다.

4. 최종 목표는 한반도 核 평화지대화 실현

모든 난관을 뚫고 한반도에 남북 간 핵균형이 이루어지면 **제4단계로 남북 간 핵 군축협상**을 추진한다. 핵 군축협상은 남북한의 핵 능력을 제한하고 위험성을 감축해 가는 조치들을 말한다. 미국과 소련이 지구를 몇십 번 멸절시킬 수 있는 핵 무력을 가지고도 서로 간의 균형을 유지해오고 비교적 핵무기 숫자를 감축해 오고 있는 사례가 이에 해당한다. 남북한 군사당국이 핵을 보유하지만 사용하지 않는 관리체제와 상호 감시체제를 구축하여 결과적으로 한반도에 핵전쟁과 핵 위협이 없는 **核 평화지대화를 실현**하는 것이다.

'한반도 핵 평화지대화' 전략이 북한과 미국, 중국, 일본, 러시아 등 한반도 관련국들로부터 지지를 얻어내는 것 역시 쉽지는 않을 것이다. 따라서 한반도 핵 군비통제를 통한 '한반도 핵 평화지대화'의 최종 목표가 한반도 평화체제 확립을 기초로 하는 동북아시아 국가들의 공동번영이라는 것에 대해서 미국과 주변국들의 공감대를 확보하는 것이 매우 중요하다.

먼저 전통적인 우리 우방국이자 한·미동맹 관계인 미국의 우호적인 지원을 확보하는 게 최우선 과제다. 한반도에 영토적 야심이 없는 미국과의 동맹은 우리로서는 더할 나위없는 소중한 자산이다. 주한미군은 지금까지도 그래왔듯이 한국이 한반도에서 안전하게 경제를 유지하면서 앞으로 전개될 한반도 핵 평화지대화 건설을 위해서 반드시 필요한 존재다.

한국의 독자적 핵 정책 추진 선언에 미국이 상대적 영향력 약화를 우려할 수 있다. 그래서 주한미군 철수나 방위비분담 증액을 요구하고 다른 한편으로는 북한과의 직접적인 핵 협상을 추진할 가능성도 고려해야 한다. 미·북 핵 협상은 우리의 핵 군비통제 Process에 꼭 배치되는 것은 아니므로 남북 핵 협상과 병행추진되어도 문제가 없다고 본다. 다만 그 전 미·북 핵 협상 사례처럼 우리가 구경꾼이 되는 상황이 초래되어서는 절대 안 될 일이다. 미국의 방위비분담 증액 요구는 피할 수 없는 사안으로 보인다. 우리의 분담금 증액이 한·미간 비대칭동맹을 완화하는 의미도 있으므로 핵 군비통제 Process 추진 차원에서 유연하게 그 적절 수준을 검토해 나갈 필요가 있다.

또한 '한반도 핵 군비통제 Process'는 기왕에 북핵 비핵화를 전제로 추진해 왔던 국제사회의 모든 대북 정책과 국제적 약속에 배치되는 것이라는 비난이 예상된다. 이에 대하여는 중국과 러시아, 일본에 대한 개별적인 협조 노력과 함께 그 외 국제사회에 대해서도 한국의 평화추구 입장을 확고히 밝혀야 할 것이다. 우리의 한반도상 핵 군비통제 추진이 북핵의 비핵화 자체를 포기하는 것이 아니며, 여태까지 좌절로 점철되어 왔던 북핵 비핵화의 한계를 넘어서서 좀 더 실효적이고 평화적인 관리방안을 찾고자 하는 노력의 일환임을 알려야 한다. 한반도 핵 군비통제는 오히려 북한 핵의 실재는 인정하되 북핵이 위협이나 전쟁수단으로 사용될 수 없도록 하는 효율적 관리 방안을 제도화하기 위한 과정임을 지속적으로 설득해 나가는 수밖에 없다.

'한반도 핵 군비통제 Process'를 통한 '한반도 핵 평화지대화' 실현 과정은 곧 남북 간 평화협정 체결로 이어져 실질적인 평화체제 구축의 토대가 될 수 있을 것으로 기대된다. 바야흐로 핵 군축 협상에 돌입하여 5년 내에 평화협정을 체결하고 그로부터 10년 내에 남북 간에 자유로운 왕래 등 국가연합 수준의 관계를 형성하고 또 그로부터 10년 내에 통일을 목표로 한다면 지나친 망상일까?

"꿈을 구체적으로 그리면 그것은 계획이 되고, 그 계획을 성실히 실천하면 꿈은 결국 현실이 된다"고 하지 않는가? 이제 우리나라도 우리의 생존과 한반도 안보와 평화를 우리 주도로 지켜나갈 수 있도록 '한반도 핵 평화지대화'의 꿈을 그린 '한반도 핵 군비통제 Process'를 꾸준히 실천해 나갈 수 있기를 희망한다.

◆ 핵 평화지대 vs. 비핵지대

'한반도 핵 평화지대'는 기존의 학계나 언론에서 정의되거나 사용되지 않은 용어와 전략이다. 특히나 비교적 널리 알려진 '비핵지대' 또는 '비핵무기지대(NWFZ : Ncuclear Weapon Free Zone)'와 개념의 혼돈이 있을 수 있다.('비핵지대'와 '비핵무기지대'는 같은 개념과 용어로 사용되어져 왔고 이 글에서는 '비핵지대'로 통일해서 사용하기로 한다) '비핵지대'의 개념은 일반적으로 "국제조약이나 협정에 따라 핵무기의 제조·생산·저장·설치·배치 및 행사 등이 금지되어 있는 지대"를 말한다. 그러므로 '비핵화'가 "핵무기가 없고 핵위협이 없는 상태"라고 한다면 '비핵지대'가 이에 상당하는 개념이 될 수 있다.

'핵 평화지대'는 핵의 존재 자체는 인정하는 반면에, '비핵지대'

는 핵이 존재하지 않는 상황을 상정한다는 점에서 다르다. '핵 평화지대'는 핵은 존재하되 위협이나 전쟁 수단으로 사용하지 못하도록 당사국이나 관련국이 핵 군비통제 레짐을 형성하여 관리하고, 당사자 간 핵 균형이 이루어지면 핵 군축협상을 통해 핵무기 관리를 제도화한다. 반면에 '비핵지대'는 그 자체가 비핵화 실현 상태이고 당사국들과 NPT 5대 핵보유국이나 관련국들이 함께 이를 보장하는 국제적 장치를 강구하여 실효성을 확보한다는 주장이다.

'비핵지대' 개념은 몇 차례 국제조약 형태로 성립된 사례가 있다. 1967년 체결된 최초의 비핵지대 조약으로 '틀라텔롤코 조약'이 있다. 이 조약은 '라틴아메리카 핵무기금지조약'이라고도 하며, 쿠바 미사일 위기 같은 핵전쟁 발생 가능성을 차단하여야 한다는 역내 국가 간 공감대가 형성되면서 조약이 성립되었다. 조약에는 조약 당사국들 간의 핵무기 사용과 위협 금지, 라틴아메리카 지역의 비핵지대 지위 존중 내용이 담겼고, 총33개국이 참여하였으며 NPT 5대 핵무기 보유국들의 비준을 받았다. 그 외 '라로통가 조약'(남태평양비핵지대 조약), '펠린다바 조약'(아프리카비핵지대 조약), '방콕 조약'(동남아시아비핵지대 조약), 유일하게 북반구에 존재하는 '세미팔라틴스크 조약'(중앙아시아비핵지대 조약) 등이 있다.

한편 1992년 남북한 간에 체결된 '한반도비핵화공동선언'도 비핵지대 조약의 하나로 예시하는 경우도 있다. 이 선언의 내용이 일반적인 비핵지대조약에 준하기 때문에 미국은 한반도에 배치한 핵무기들을 모두 철수시켰다. 그러나 남한의 비핵화만 이루어진 상태고 남북한 외에 다른 한반도 핵관련 국가들이 참여하지 않았기 때문에 그야말로 선언에 그치고 조약으로 묶임하기에는 적절치 않다. 다만 한반도 핵 군비통제 과정의 선험사례로 매우 가치가 있다고 본다.

'한반도 비핵지대'[23]는 한반도 평화건설을 위한 노력의 일환으로 그 시사하는 바가 크며, 앞으로도 많은 논의가 전개되고 발전될 수 있기를 희망한다. 다만 '한반도 비핵화'나 '북한 비핵화'가 어려운 만큼이나 '한반도 비핵지대'도 어려운 일로 보인다. 물론 '한반도 핵 평화지대화'가 더 쉽다는 얘기도 아니다. '한반도 핵 평화지대화'도 지난하기는 마찬가지일 터이다. 그러나 이제 세계 10대 경제강국이 된 한국이 자신의 운명을 스스로 개척해 나간다는 점에서 강점이 있다.

---

23) 정욱식, 《한반도의 길, 왜 비핵지대인가?》, (유리창, 2020년) 참조.

제3부

방위사업 인프라(Infra) 강화 전략

최근 우크라이나 전쟁의 반사적 이익으로 한국의 방위산업이 중흥의 호기를 맡고 있다. 불과 몇십 년 전만 해도 소총 하나 제대로 만들지 못하던 한국이 이제는 유럽 선진국들을 제치고 항공기, 전차, 자주포, 대공방어체계 등 최첨단 무기체계를 수출하고 있다. 그 물량도 이제는 국내 생산과 수입 물량에 상박할 정도로 커지고 있다. 우크라이나 전쟁은 또한 자칫 재래식 무기 생산고로 전락하고 안주할 뻔했던 우리 방위산업 생태계에 미래 전장에 대한 새로운 인식과 도전장을 안겨주고 있다. 이 역사의 현장을 슬기롭게 관조하고 분석하여 방위산업의 미래 혁신을 제대로 주도해 나가야 할 때이다. 이러한 측면에서 방위사업청의 역할 제고 방안과 방산 수출 역량 증진에 도움이 될 수 있는 몇 가지 아이디어를 제시해 보고자 한다.

제1장

방위사업청 역할 제고

　방위산업 발전을 위해서는 방위사업청(이하 방사청)의 역할이 매우 중요하다. 반면에 방사청은 개청한 지 19년째 접어 들었지만 아직 다른 정부 기관에 비하면 신생(新生) 기관의 틀을 벗어나지 못하고 있다. 전통이 있는 정부 부처와 기관에는 자연스럽게 갖추어져 있는 것들이 방사청에서는 아직도 숙원사업으로 치부되는 경우가 꽤 있다.

　방사청의 위상과 역할에 관한 사안이 그 한 예가 될 수 있다. 예컨대 방사청은 국방예산의 1/3을 쓴다. 그러면 국방사이드에서 청의 역할과 비중이 1/3은 되어야 될 터인데 기실 그에 좀 못 미치는 아쉬움이 있다. 청에는 개청 이후만 해도 10여 년 넘게 양성된 뛰어난 획득 전문인력과 오늘의 방위산업을 선도해 오며 축적된 많은 노하우가 있다. 이러한 청의 능력과 경험이 국방정책과 획득전략 수립에 제대로 피드백되는 시스템을 체계적으로 발전시킬 필요가 있다.

1. 한국형 제4축 역할 수행

작금의 세계적 안보환경 변화 상황이 방위사업청의 역할을 제대로 자리매김 할 수 있는 좋은 기회가 될 수 있다. 예를 들어서 박근혜 정부 이후 지금까지도 한창 쓰임새가 있는 것으로 마치 우리 안보의 기본 틀이나 되는 것처럼 운위되는 소위 **한국형 3축 체제**에서 방사청이 엄연한 한 축이 되어야 할 필요가 있다.

◈ 미국과 한국의 3축 체제 비교

	미국 (탈냉전기-신3축체제)	한국 ('16년 개념화)
제1축	(보복적 억제력) : 전략적 핵공격(냉전기 3축체제[24]) + 非核(재래식) 타격체계	Kill-chain (선제타격체계)
제2축	(거부적 억제력) 非核 항공기·미사일 방어체계 (MD)	KAMD (미사일방어체계)

---

24) 냉전기 핵시대 미국의 3축 체제는 소련의 핵위협에 대처하여 ①핵 탑재 대륙간탄도유도탄(ICBM) ② 핵 탑재 잠수함발사탄도미사일(SLBM) ③ 핵 탑재 전략폭격기(Strategic Bombers)를 효과적으로 결합한다는 전략 핵무기 중심의 3축 체제였음.

| 제3축 | (기반적 억제력) 제1, 2축을 밀접히 뒷받침할 수 있는 연구개발 및 방산 인프라 | KMPR (대량응징보복체계) |

위 표에서 보는 바와 같이 아들 부시 행정부의 탈냉전기 新3축 체제는 ① 제1축(보복적 억제력)은 냉전 시 전략핵무기를 탑재한 舊3축 체제(ICBM/SLBM/Strategic Bombers)에다가 첨단 재래식 타격체계까지 포함시켰고, ② 제2축(거부적 억제력)은 적의 항공기와 미사일을 첨단 요격체계로 방어하는 미사일 방어체계(MD)이며 ③ 제3축(기반적 억제력)은 제1, 2축을 밀접히 뒷받침할 수 있는 연구개발 및 방산 인프라 등으로 구성되어 있다.

여기서 제1, 2축은 미국과 한국이 비슷한 체제 같은데 제3축에서 한국과 미국이 현저히 달라진다. 한국은 미국의 제3축인 연구개발과 방산인프라 대신에 제1축과 구분도 잘 안 되고 이론 구성도 힘든 KMPR(Korea Massive Punishment & Retaliation : 대량응징보복)을 제3축으로 등장시키고 있다. "KMPR(대량응징보복)은 북한이 핵·WMD를 사용할 경우 우리 군의 고위력·초정밀 타격 능력 등 압도적인 전략적 타격 능력으로 북한의 전쟁 지도부와 핵심시설 등을 응징 보복하는 체계"라고 국방백서는 말하고 있다. 어떤 설명에도 KMPR은 3축 체제라는 틀에서 보면 뭔가 어색하고 균형이 맞지 않는 구성이다. 이와 관련하여 소위 한국형 3축 체제는 첨단 무기체계 발전에 따라 세(勢) 약화 위기를 실감하고 있는 육군(?)의 새로운 브랜드 전략에 다름 아니라고 비판적 입장을 보이는 견해도 있다.

여기에서 굳이 KMPR에 대해 비판적인 시각을 펼치는 이유는 제3축의 자리에 방위사업청이 선도하는 '연구개발 및 방산 인프라'가 들어가는 게 좀 더 적절하지 않으냐 하는 주장을 펼치고 싶어서이다. 방위사업청이 한국형 제3축으로서의 역할, 즉 제1, 2축을 밀접히 뒷받침하는 '연구개발 및 방산 인프라'를 확충하는 역할을 적극적으로 수행함으로써 제대로 된 한국형 3축 체제를 만들어 줄 필요성이 있다는 생각이다.

그렇지만 현실적으로는 이러한 방사청의 역할 제고 노력이 마냥 쉽지는 않아 보인다. 앞서도 얘기했지만 Kill-chain(선제타격체계), KAMD(미사일방어체계), KMPR(대량응징보복)을 위시한 소위 한국형 3축 체제가 용어의 편의성 때문인지 실제 국민들에게 설득력이 있어서인지 마치 유명 브랜드처럼 국민들에게 깊이 각인되어 있기 때문이다.

핵을 보유한 북한에 대해서도 박근혜 정부부터 시작해서 문재인 정부는 물론 윤석열 정부에 이르기까지 마치 한국형 3축 체제를 발전·강화시키는 것이 취약한 우리의 국방대비태세의 해답을 제시할 수 있는 것인 양 활용되어 왔다. 이제 한국형 3축 체제는 북핵 위협에 대비한 한국 국방전략의 트레이드마크가 되어 버렸다. 따라서 현 한국형 3축 체제를 문제시하고 지금 당장 폐기처분하기보다는 방사청의 역할을 긍정적으로 부각시켜 보완하는 것이 좋겠다는 생각이다.

그래서 방위사업청 역할 제고를 위한 '**한국형 제4축 체제**' 개념을 새로이 브랜드화하는 전략을 생각해 보았다. 즉 방사청이 현행 3축 체제를 밀접하게 뒷받침하는 '4차 산업혁명 시대의 연구개발 및 방산 인프라' 확충 역할을 하는 제4축으로 참여하는 것이다. 이렇게 할 경우 제1축 Kill-chain(선제타격체계), 제2축 KAMD(미사일방어체계), 제3축 KMPR(대량응징보복)에 덧붙여 방사청이 제4축으로서 '연구개발 및 방산인프라(기반)' 확충 역할을 담당하는 것이다. 3축보다는 4축이 더욱 안전하고 튼튼하기는 불문가지다. 추후에는 한국형 4축 체제를 대외적으로 브랜드화(육군의 성공한 브랜드화 전략만큼은 참고할 필요가 있음)하는 것도 좋은 방법이라고 생각한다. 방사청의 역할에 대해서 국민들의 이해를 쉽게 넓히고 국회를 비롯한 대내외에 신뢰도를 제고할 수 있는 방법의 하나가 될 수 있다고 본다.

2. 방산수출의 견인차

한때 방사청의 방산수출과 관련하여, 방위사업청은 군이 요구하는 무기나 잘 조달해 주면 되지 수출이 무슨 상관이냐? 처음부터 수출 생각하면서 무기 만든다는 게 말이 되느냐? 방산수출 해봤자 얼마나 된다고 우리 경제에 무슨 보탬이 된다고 설치느냐? 심지어는 제대로 할 일은 안 하고 수출 실적이나 부풀려서 광내고 국민 현혹하기를 일삼는다고도 했다. 이처럼 별로 설득력도 없는 논리로 방산수출을 폄훼하고 방산수출 업무에 종사하는 사람들을 마구 깎아내리고 비판하는 경우도 있었다. 방사청이 수출실적을 당해년도 계약(수주)기준으로 발표를 해 온 것을 통관기준으로 하지 않고 실적을 부풀려 왔다고 왜곡하기도 했다.

그나마 최근 방산수출이 획기적으로 증대하여 국민들 사이에 방산 신뢰도가 높아지고 있어 얼마나 다행인지 모른다. 방사청 직원들과 방위산업 종사자들도 방산비리 주범의 오명으로 힘들기만 했던 시절을 벗어나는 것 같다. 방사청이 방산수출의 확실한 견인차로 인정받게 되어 주변에 어깨가 으쓱해진다니 다행이다.

하지만 불과 얼마 전까지만 해도 방산수출은 한국 방위산업 생존을 위한 피나는 노력의 산물이었다. 한국이 강점을 갖고 있는 전차, 장갑차, 자주포 등 재래식 무기들은 국내 수요가 한정되어 수출 길이 없이는 방위산업 자체를 유지할 수 없는 절체절명의 상황이었다. 수출고가 얼마 되지 않아도 우리 방산기업들에게는 생명수와 같은 역할을 하였다. 다행히 우크라이나 전쟁 발발 이후 한국의 방산수출 신장세가 놀라울 정도로 커져서 과거의 신기록은 비교가 되지 않을 정도로 액수가 커졌다. 세계 4위 방산수출국을 목표로 한다는 말이 허언이 아닐 정도로 빠르게 수출고가 늘고 있다.

우크라이나 전쟁이라는 외생적 변수가 크게 작용한 것이기도 하지만 이제는 방산수출 증진을 위한 대외적인 여건은 충분히 조성이 된 것 같다. 차제에 앞으로 한국의 방산수출 증진을 꾸준히 선도할 수 있는 소프트웨어 측면의 정책인식 개선이 함께 한다면 더욱 효과적일 것이라는 생각에 몇 가지 경험 사례를 소개한다.

필자가 방산진흥국장으로 일하기 시작한 지 3~4개월쯤 지났을 때인 2013년 가을 경으로 기억한다. 당시 감사관이 필자의 사무실을 찾아왔다. 용건인즉 방산수출 업무를 하는 모 과장이 "현장에 답이 있다고 하면서 해외출장만 다니려 한다는데 문제가 없느냐?"는 것이었다. 기실은 필자도 비슷하게 해외출장을 많이 다니고 있었기 때문에 속으로 뜨끔하면서 "그게 그 사람 일 아니겠느냐"라고 답해 주면서 필자가 영국 방산수출 관계자로부터 들은 일화를 전해 주었다.

영국 방산수출청(DSO) 청장이 어느 날 영국 국방부 로비에서 국방부 장관을 조우하게 되었다. 그때 장관이 하는 말이 "당신 왜 여기에 있느냐? 당신은 지금 내 눈에 뜨일 게 아니라 아시아나 중동·아프리카 어디에서 그 나라 당국자와 방산수출 문제를 논의하고 있어야 하지 않느냐?"라고 하면서 **"1년 365일을 수출전선에서 일하라"**고 강조했다는 것이다. 이 얘기를 듣더니 감사관도 "방산수출은 업무성격이 해외출장 자주 간다고 문제 삼을 일은 아닌 것 같아서 직접 물어봤다"고 필자의 의견에 공감을 표명하였다.

물론 전역을 앞둔 일부 군인들이 자신의 역할 기회를 전역 후 일자리 관리로 악용할 가능성이 있는 것 또한 사실이다. 군인이 아니더라도 수출업무 담당자가 업체와 지나치게 유착할 가능성 등 여전히 경계해야 할 측면들이 있기도 하다. 그러나 해외출장을 바람 쐬거나 외유하는 것이라고 보아서는 국제협력이나 방산수출 같이 순발력이 요구되고 부단한 해외시장 개척 노력이 필요한 업무 수행에는 장애로 작용할 수 있다는 점을 고려할 필요가 있다.

또 하나는 해외출장 시 상대국 정부나 군 관계자를 만날 때 업체를 동반하여 상대국 정부 고위 정책결정권자들에게 사업설명회를 할 수 있는 기회를 주는 것이 매우 중요하다. 고위공직자가 해외출장으로 외국 당국자를 면담하는 기회가 상대국 고위 정책결정자들에게 우리 수출 대상품목에 관한 사업설명회를 펼칠 수 있는 좋은 기회가 되는 것이다.

업체들만의 수출활동으로 정부 당국자가 움직이는 수준의 접촉이나 사업설명 기회를 가지려면 상당한 시간이 필요하다. 다른 나라 업체들과 치열한 경쟁의 틈바구니에 있는 상황에서 우리 업체들이 정부당국자와 동반하는 경우, 상대국 정부에는 신뢰를 주고 우리 업체에게는 시간과 노력을 절감하면서도 수출 성공 가능성을 크게 증진시킬 수 있는 기회가 되는 것이다.

이제 대한민국은 세계에서도 중견강국이며 우리의 수출 주요 상대국인 개발도상국들에게는 짧은 시간에 경제발전과 자주국방을 이룩한 배울 게 많은 모범국가이다. 필자의 짧은 방산진흥국장 경험이지만 주요 선진국 몇 개국을 제외하면, 정부수반인 대통령과 총리를 제외하고는 못 만날 사람이 없었다. 출장국의 국방장관이나 합참의장, 각 군 사령관들 만나는 일이 어렵지 않았다. 국장의 경우도 이럴진대 만일 방사청장이 움직인다면 웬만한 나라 대통령이나 총리에게도 사업설명회가 가능하게 되는 것이다.

폴란드 K-9 자주포 수출 성사건이 한 예이다. 나의 기억에 폴란드 국방부 차관이 2013년 방산전시회(ADEX)에 참석하여 당시 방사청장님과 면담을 하게 되었다. 필자도 방진국장 자격으로 배석하였었는데 폴란드 국방부 차관이 우리 무기체계에 상당한 관심을 표명하는 것이었다. 그래서 필자가 폴란드 국방부 차관에게 "관심이 있으시니 실제로 방산협력(구매 사절단)을 파견하는 게 어떻겠느냐" 했는데, 진짜로 달포가 지나지 않아 폴란드가 방산협력 사절단을 한국에 파견하는 것이었다.

우리 측에서는 신이 나서 여러 방산업체 방문을 지원하였고 폴란드가 K-9 155㎜ 자주포에 특별한 관심이 있음을 확인할 수 있었다. 그래서 2014년 초에 방사청장의 폴란드 방문을 기획하고 당시 삼성테크윈 K-9 담당자들을 동반 출장하여 폴란드 국방장관에게 사업설명회를 실시하였다. 이후 삼성 측에서 업체의 기동력과 협상력을 십분 발휘하여 2014년 말에 바로 3.2억 달러 수출계약을 성사시키는 쾌거를 이루었다.

아마도 수출 사업에 착수하여 해당년도 내에 계약까지 결실을 맺은 드문 사례가 아닐까 하는데 필자는 그 성공 요인이 바로 업체를 동반한 방사청장의 직접 출장 덕분이었다고 생각한다. 그래서 바로 폴란드 국방장관에게 사업설명회가 가능했고, 계약까지 성사 시간을 2년은 단축시킬 수 있었던 것이다. 이후 K-9은 폴란드를 필두로 하여 노르웨이, 핀란드, 에스토니아 등 유럽의 여러 나라에 수출되면서 한국 방산수출의 효자 노릇을 톡톡히 하고 있다.

또 다른 예로 UAE 방산수출 관련 건이다. 2013~14년에 걸쳐 LIG넥스원의 UAE ○○○무기체계 수출을 적극 지원하기 위하여 열심히 뛰었던 기억이 있다. 문제는 UAE 측에서 비공개로 추진하길 희망한 사업이었는데 한국 언론에 포착이 되면서 UAE 측에서 사업을 유보하는 안타까운 상황이 발생하였다. 그런데 반전은 우리 정부의 진정어린 노력에 대한 대가로 UAE 정부가 바로 2015년에 다른 사업(비궁 수출, 약 10억 달러 상당)을 계약해 주고 다음 천궁 수출에도 긍정적 토대가 되었다는 평가를 들었다.

이 계약은 필자가 방산진흥국장 자리에서 물러난 이후에 이루어진 일인데도 LIG넥스원과 방산진흥국으로부터 모두가 필자가 열심히 뛴 덕분이었다는 공치사를 들었다. 결국 기업뿐만 아니라 정부(방사청)의 역할이 얼마나 중요한지를 다시 한 번 절감하는 순간이었다.

추가로 초청사업의 중요성도 간과하지 말아야 한다. 수출 대상국에 방문하여 상대국 정책당국자들을 만났을 때 이들이 생각보다 한국에 대해서 많이 알고 있지 못하고 한국을 방문해 본 사람들도 많지 않았던 기억을 갖고 있다. 특히 우리의 수출대상국은 개발도상국인 경우가 많은데 이러한 나라의 획득정책 결정권자들은 그야말로 굉장한 파워를 갖고 있고 최고 지도자와 직접 연결되어 있기가 쉽다. 또 우리처럼 사람과 자리가 자주 바뀌지도 않는 특성도 있다.

따라서 이런 실력자들을 한국에 초청하여 한국과 한국의 방위산업을 제대로 소개시키는 사업도 꾸준히 진행할 필요가 있다. 기업체들 역시도 나름의 초청사업을 활발히 전개하기도 하는데 이런 초청사업이 장기적으로는 우리 수출을 크게 신장시키는 잠재적인 역할을 할 수 있을 것으로 본다.

필자가 방산진흥국장을 하면서도 ADEX 같은 방산전시회와는 별도로 처음으로 구매력이 있는 GCC(걸프협력회의) 3개 국가(사우디, UAE, 쿠웨이트) 획득 주요 결정권자들을 초청하는 사업을 실시한 바 있다. 그리하여 우리 방산기업들로 하여금 종합적 국가별 맞춤형 방산설명회를 실시할 기회를 만들어 준 바 있다. 앞으로도 정부 차원에서 좀 더 정교하고 체계적으로 초청 사업을 계속할 필요가 있다는 생각이다.

제2장

대형수송기 C-130J 국외도입협상 백서

필자가 국제계약부장(09.9.28~10.12.31)으로 근무하던 기간 중 가장 큰 국외도입사업이 미국 록히드 마틴(Lockheed Martin Corporation, 이하 LM)의 C-130J 대형수송기 4기 도입사업이었다. C-130J는 LM이 유일한 공급원(sole source)이었기 때문에 수의계약을 체결하는 건이었다. 결과는 필자가 무역중개업자를 배제하고 LM과 직접협상 및 계약을 추진하여 업체 최초제안가 대비 14.5%를 감가하여 ○○○억 원의 예산을 절감하는 성과를 거두었다. Sole source 수의계약인데다가 미국의 거대 방산기업인 LM을 상대로 누가 들어도 믿기지 않을 성과를 거둔 것이다.

이 계약 건을 매우 성공적으로 생각한 필자는 관련 기록을 백서 형태로 후대에 남기기를 원하였으나 계약 체결 후 얼마 지나지 않아 1년짜리 대외교육에 참가하는 바람에 뜻을 이루지 못하였다. 아쉽게도 내 생각과는 달리 담당 팀장이나 직원들이 백서 작성에 그렇게 호의적이지도 않았다. 과거의 국외도입사업 계약업무 경험에 비추어 수행업무를 자세히 기록으로 남기는 것이 부담스럽다는 식이었다. 차제에 여기서라도 짧지만 백서를 쓰는 마음으로 간략한 기록을 시도해 본다.

당시에 필자는 초짜 국제계약부장으로 국외도입사업에 관한 경험이 일천하였기 때문에 가격과 계약조건 협상에 임하기 전에 나름 체계적인 협상전략을 수립하고자 하였다. 기존 협상사례를 분석해 봤더니 대부분의 국외도입사업에서 국외업체의 최초제안가 대비 3~4% 정도의 감가 실적을 보이고 있었다.

이러한 과거 협상기록에도 불구하고 필자가 대형수송기 C-130J 구매에 대한 LM과의 협상에서 크게 국가예산을 절감할 수 있었던 것은 철저한 협상준비는 별론으로 하고도 다음 네 가지 정도의 사유가 크게 작용하였다고 할 수 있다. 1. **Agent를 배제한 LM과의 직접협상** / 2. **사업관리본부 IPT의 가격협상 참여 배제** / 3. **공군의 전력화 중압감 극복** / 4. **천안함 사건**(2010.3.26.) **영향의 전략적 활용** 등이 그것이다.

1. Agent를 배제한 LM과의 직접협상

우선 첫 번째로 Agent를 배제한 LM과의 직접협상이 큰 성과를 거둔 바탕이 되었다. 요컨대 가격 상승요인으로 작용할 수 있는 과다한 중개업자 수수료(Agent fee) 발생 가능성을 원천적으로 차단한 것이다.

좀 더 부연 설명하면, 필자가 2009년 9월말 방사청 국제계약부장으로 부름을 받고 부임해서 보니까 청에서 국외도입사업과 관련하여 여러 가지 새로운 정책들이 모색되고 있었다. 당시 이명박 대통령이 "방사청이 국외업체로부터 **리베이트**만 받지 않아도 국방비의 2~30%가 절감될 것"이라는 발언을 공개적으로 한 뒤였기 때문이었다.(지금도 인터넷에서 리베이트란 단어로 검색을 해보니까 '건설공사 및 시설재 거래 때 관행적으로 리베이트가 지급되는 것으로 알려지고 있으며', '무기거래 때의 리베이트는 지급가격의 20% 정도에 이른다는 얘기도 있다'고 나온다.)

방사청으로서는 대통령이 언급한 리베이트 진위 여부는 차치하더라도 국방예산 절감, 특히 국외도입사업과 관련하여 청와대가 이해할 수 있는 새로운 정책방안 모색이 필요하였다. 그중의 하나가 대형사업의 경우에는 **외국업체 Agent의 개입을 철저히 배제**하고 방사청이 **국외업체와 직접협상**을 진행한다는 것이었다. 또 **현지협상** 전략도 세워져 있었다.

그래서 필자는 2010년도에 접어들자마자 대형수송기 협상전략을 가다듬었다. 연초에는 그동안 LM 대리인 역을 해왔던 한국인 Agent(한국공군 예비역장성)을 불러 앞으로 대형수송기 도입사업과 관련하여는 개입하지 않겠다는 서약서를 징구하였다. 그리고 2010.2월에 미국 현지협상을 계획하였다.

그런데 전혀 생각지 못한 의외의 상황이 벌어졌다. 필자의 상사를 비롯해 청의 기류가 **국제계약부의 현지협상에 반대**한다는 것이었다. 이유인즉슨, "가봤자 별거 없다. 현지 생산라인이래봤자 공장 커다랗고 산만하기만 한데 가서 뭐 얻을 게 별로 없다" 등의 것이었다. 그러나 필자가 부임하기 전에 이미 직접협상과 현지협상 구상과 정책이 서 있었고, 필자가 보기에도 타당하다 생각하여 정책문서화 했는데, 막상 실시하려니 실익이 없다고 반대하니 이해가 안 되었다.

마침 그때 필자는 초임 국장이었고 획득 분야에 경험이 없었기 때문에 "C-103J라는 게 도대체 어떻게 생긴지도 모르는데, 무슨 계약을 하고 협상을 하겠냐"고 출장 필요성을 강변해서 겨우 현지 협상을 다녀 올 수 있었다. 현지 협상을 다녀와서도 청의 모 공군 장군이 출장비도 다 가격에 포함돼서 돌아올 텐데 뭐하러 힘들게 현지까지 갔냐고 비아냥조로 부정적으로 평하는 소리를 듣기도 했다.

그러나 현지 협상의 성과는 매우 컸고, 결국 최종적으로 LM의 최초제안가 대비 14.5%라는 전무후무한 예산절감 성과를 거두는 데 기본바탕이 되었다. LM은 그동안 국제계약부나 IPT가 요청했으나 제공하지 않았던 거의 모든 자료를 미리 준비해 놓고 관련하여 상세 브리핑까지 해주었다. LM 현지공장 생산라인도 확인할 수 있었고, 기술진과의 자유로운 면담과 질문 답변도 진행할 수 있었다. 마침 캐나다에 수출 예정으로 거의 완성단계에 있는 C-130J에도 탑승해 볼 수 있었다.

우리 협상팀이 LM 기술진 면담 시 취득한 자료는 향후 LM과의 협상에서 큰 역할을 하기도 하였다. (우리 협상팀은 혹시라도 오해를 피하기 위하여 LM에서 준비한 가벼운 샌드위치 정도의 점심도 취식하지 않았고, 외부에 나와서 우리 협상팀끼리만 식사를 하는 촌극을 벌이기도 하였다.) 이후 실제 가격협상은 LM 협상단을 워싱턴에 있는 주미군수지원단에 오도록 하여 협상을 실시하였다.

2. 사업본부 IPT의 가격협상 참여 배제

당시는 지금과 달리 개청 당시 분리 출발했던 계약관리본부와 사업관리본부가 별개로 운영되는 체제였다.(지금은 사업본부로 통합되어 기반전력사업본부와 미래전력사업본부로 운영되고 있음.) 국외도입협상에서 **사업관리본부 IPT는 기술협상을 진행하고 이후에 계약관리본부 국제계약부에서 가격협상, 계약조건협상, 절충교역협상**(현재는 방산진흥국에서 절충교역업무 수행)을 진행하는 구조로 되어 있었다. 필자는 당시만 해도 국외도입업무 가격협상 등에는 전혀 경험이 없었기 때문에 국제계약부장으로서 IPT의 역할을 크게 존중하여 IPT 담당자들이 초기 단계부터 협상에도 참여하도록 하여 함께 가격협상을 진행하였다.

그런데 필자가 미국 현지협상을 다녀온 뒤에 뜻하지 않은 일이 발생하였다. LM 협상팀이 한국에 와서 협상 이틀째였는데 LM 협상팀이 제시간에 나타나지를 않는 것이었다. 확인을 해 보니 LM

측 협상팀이 답하기를 "사업본부 IPT에서 협상장에 가지 않아도 된다고 하였다"는 것이다. 너무 어이없는 상황에 당혹스럽기 이를 데 없었던 필자는 고심 끝에 이후 협상부터는 IPT 참여를 완전히 배제하는 극단적인 처방을 내렸다. LM 측에도 가격협상의 주체가 국제계약부임을 분명히 다시 확인함은 물론이고 이후 가격협상과 관련하여 LM과 IPT가 협의하는 경우를 절대 용인하지 않겠다고 선언하였다.

기실은 IPT가 해외업체, 즉 대형수송기 도입사업 같은 경우는 LM 측과 실시한 기술협상이 사실상 가격요소를 결정하는 경우가 많았던 것으로 보인다. 그런데 국제계약부가 기술협상 합의사항도 가격적 측면에서 다시 점검을 하겠다고 따져드니, LM은 LM대로 IPT는 IPT대로 불편한 구석이 많았던 모양이다. 한 가지 나랏일을 가지고 사업본부 IPT와 계약본부 국제계약부가 서로 다른 생각으로 접근하고 일처리를 해온 참으로 우스운 일이 발생하고 있었던 것이다. 이는 개청 초기부터 사업·계약본부를 분리하여 한 몸이 두 몸이 되면서 발생한 비극이었다.

이제는 계약관리본부와 사업관리본부가 한 몸이 되었으니까 예전과 같이 IPT가 국민의 혈세인 나랏돈에 대해서 그렇게 무심하지는 않을 것이라 본다. 가격협상은 계약본부 국제계약부가 하고 자기들 일과는 무관하게 여기는 일도 자연스럽게 사라지지 않았을까 싶다.

3. 공군의 전력화 중압감 극복

참으로 조심스러운 얘기이다. 표현이 공군의 전력화 중압감 극복이라고 했지만 공군 입장에서는 자기들 고유의 업무수행 노력이라고 할 수 있을 것이다. 그렇지만 계약업무를 수행하는 입장에서 없지 않아 압력으로 느껴졌던 것 또한 사실이다. 대형수송기 도입사업은 2009년에서 2010년으로 이월이 되어 2010년에는 반드시 계약이 체결되어야 하는 상황이었다. 따라서 공군의 전력화 시기 준수 요구 압력이 상당하였다. 방사청의 항공기사업부도 대형수송기 사업이 2010년 공군에서 제일 큰 사업인데다가 이미 자기들이 2009년도에 기술협상을 다 마쳐놓았기 때문에 빠른 계약체결을 희망하고 있었다.

문제는 국제계약부의 생각과 태도였는데 그들이 보기에는 초짜 국제계약부장이 획득업무를 모르니까 감이 없고 공군과 항공기사업부의 입장을 이해하지 못한다고 생각하는 것 같았다. 공군과 항공기사업부 모두 우리 공군에게 최고의 비행기를 군이 요구하는 시기에 제대로 인도해 줄 것을 요구하는 것은 당연하다. 하지만 초짜 협상가인 필자로서는 **대통령과 우리 정부의 예산절감 요구도 크게 생각**하지 않을 수 없었다.

기왕의 여러 협상 사례를 연구하였고, 심지어 노무공수에 대한 분석까지 다양한 가격 절감 요소를 분석하여 협상에 임하였다. 한편으로 필자는 가격협상은 처음 해보는 것이었지만 국방부에서 미국, 러시아 등 큰 나라는 물론이고 북한하고도 협상을 해보는 등 나름 대외정책업무를 많이 해봤기 때문에 없지 않아 자신감도 있었다. 그러나 워낙 상대가 미국의 거대기업 LM인 데다가 Sole Source이다 보니까 우리 협상팀마저도 큰 희망을 갖지는 않는 기색이 역력하였다. 아마 우리 국제계약부 협상팀이 최종적으로 그렇게 좋은 결과를 만들어 내리라 생각하는 사람은 별로 없었을 것이다.

이렇게 힘든 상황에서도 필자는 LM에 각종 분석 자료를 바탕으로 강력히 가격인하 요구 태세를 유지하였다. LM은 마치 우리가 자기네 미국 정부가 요구하는 수준의 WBS(Work Breakdown Structure, 작업 분할 구조)를 요구한다고 부담스러워하기도 하고, 한국 공군이 너무 높은 수준의 ROC(Required Operational Capability, 군사 요구 능력)을 구비하려 한다고 한국 공군을 탓하기도 하였다. 현재도 전장을 누비는 미군 항공기에도 장착하지 않은 장비들에 대한 소요도 꽤 있다는 것이다. 그들은 앞으로는 장착할 것 아니냐는 우리 측의 질문에 앞으로도 대부분 장착 계획이 없다고 답하면서 그러한 소요를 줄이면 예산을 많이 절감할 수 있을 것이라고 조언하기도 하였다. 우리 협상팀에서도 LM 측의 의견에 공감하는 바가 없지 않았지만, 우리는 국제계약부의 사명이 우리 군이 요구하는 우수한 성능의 장비를 획득하는 것이고, LM 측의 입장을 일부라도 받아들이는 것이 협상전략에도 보탬이 안 된다고 판단하였다. 결국 우리는 끝까지 우리 공군의 소요를 그대로 지켜내고도 예산절감 성과를 거두어 내었지만, 과도한 ROC 문제는 두고두고 생각해 볼 필요가 있는 사안이다.

LM을 상대하는 것도 힘들었지만 우리 협상팀에 더 부담이 되었던 것은 우리 공군과 같은 청에 있는 항공기사업부를 위시한 공군 장교들이었다. 국가 예산절감은 그들에게 큰 관심사가 아닌 듯했고 공군참모총장의 관심사인 사업을 빨리 진척시키는 것에만 관심이 있어 보였다. 특히 거대한 미국과의 관계는 협상의 대상이 아니라 숭상의 대상으로 여기는 느낌까지 들 때도 있었다. 어차피 가격협상은 국제계약부의 일이므로 일부 공군 장교들을 꼭 탓하려는 뜻은 없다. 하지만 필자가 국제계약부장으로 일하면서 제일 중점을 두었던 일 중에 하나가 "한·미동맹 자체가 국익을 위해서 중요하지만 동맹 간에도 분별되는 국익이 있다"라는 것을 우리 직원들에게 인식시키는 것이었다.

한 번은 방사청 항공기사업부장인 모 공군소장이 필자를 찾아와 대형수송기사업의 빠른 계약 체결을 당부하였다. 다음에는 공군 기획관리참모부장인 모 소장이 공군참모총장의 관심을 전하고 전력화 시기를 걱정하고 간다. 또 다음에는 두 분이 함께 합하여 별 네 개가 필자 사무실에 떴다 갔다. 그런데 안타깝게도 국제계약부장이 초짜라 그다지 별 무서운 줄을 모르고 국민 혈세 절감의 사명감만 불태우고 있었다는 것이다.

다행히 결과적으로는 생명 같은 **공군의 ROC도 다 지켜내면서 늦지 않게 성공적으로 계약을 체결할 수 있었다.** 차후 공군 기획관리참모부장이 방사청의 사업관리분과위 개최 석상에서 "국제계약부가 C-130J 도입사업을 성공적으로 진행해 주어서 참으로 고맙다"고 사의를 밝히기도 해 감사할 따름이었다.

4. 천안함 피격사건(2010.3.26.) 영향의 전략적 활용

　대형수송기 도입협상 초기부터 필자가 LM 측에 강조했던 사항들이 있다. "아무리 C-130J가 LM Sole Source라고 해도 반드시 사업이 가는 것은 아니다. 가격이 맞지 않으면 사업이 못갈 수도 있다. 다른 나라보다 한국이 비싸게 살 이유는 없다. 한미동맹 차원에서도 서로 간의 이익이 공유되어야 한다" 등이었다. 하지만 초기에는 나의 주장이 전혀 먹히는 기색이 없었다. 그러나 시간이 갈수록 공군 장군들의 잇따른 필자 사무실 방문에도 불구하고, 우리 국제계약부 협상팀의 협상력이 유지가 되는 것을 보고 LM의 생각이 점차 달라지는 기색이었다.

　결정적인 것은 우리 국방부에서 천안함 피격사건의 대처 방안의 하나로 기왕에 추진 중이던 **군의 전력사업을 재검토**한다는 소식이 대두된 것이다. 필자는 이러한 상황을 LM과의 가격협상에 충분히 전략적으로 활용하였다. LM으로서는 초짜 국제계약부장의 엄포로만 여겼던 사업 취소나 연기가 현실화될지도 모르는 상황이 발생한 것이다. 물론 실제 LM이 이러한 상황을 어떻게 분석하였는지는 확인할 수 없다. 다만 당시 천안함 피격사건은 우리 군으로서는 불행한 일이었지만 협상팀으로서는 국민의 혈세를 절감할 수 있는 전략적 협상 수단이 되었던 것이다.

LM과의 협상에서 천안함 피격 사건을 효과적으로 활용하는 데 도움이 되었던 숨은 이야기가 있다. C-130J 대형수송기 도입 가격 협상이 한창 치열하게 전개될 때인 2010년 8월 장○○ 국방부 차관이 방위사업청장으로 부임하였다. 장○○ 청장이 국방부 차관 재임 시 총무과장(운영지원과장)으로 6개월 정도 같이 근무를 한 경험이 있어서 필자는 장 청장의 부임이 내심 반가웠다. 어떤 이들은 "장 청장이 방사청장으로 오려고 필자를 미리 보내놓은 것 아니냐"는 농을 던지기도 하였다.

문제는 장 청장의 업무 스타일이 상당히 터프하여서 청의 많은 직원들이 긴장할 수밖에 없었고 국제계약부도 예외가 아니었다. 장 청장 초도 업무보고 시에 대형수송기 협상에서 상당한 예산절감 성과를 거둘 수 있다고 보고하였더니 조달청장까지 역임했던 분이라 필자가 말하는 성과 자체를 믿겨하지 않았다. "아니 LM sole source 라면서 어떻게 그런 협상이 가능하냐?"고 의문을 제기하기도 하였다. 다행히 차분한 설명 기회가 주어져 장 청장도 급기야는 고개를 끄덕이게 되었고 상당한 기대를 표명하기도 하였다.

사실 장 청장이 부임하기 전에 필자는 마지막 미국 현지협상과 우리 공군참모차장 방문계획을 세워 놓고 있었다. 미국 현지협상에서는 최종적으로 감가협상을 전개하고 공군차장에게는 협상 경과와 일부 ROC 관련 협의를 할 생각이었다. 그러던 차에 장 청장이 부임하는 바람에 이 계획을 취소하였다. 장 청장의 성격을 잘 아는 필자로서는 자칫하면 이 사업 자체가 표류할 수도 있다는 위기감을 느꼈다. 천안함 피격사건을 전략적으로 활용하고 있다는 보고를 받은 장 청장이 혹시라도 우리 협상팀이 감당하기 힘든 요구를 하지 않을까 하는 우려였다.

그래서 필자는 미국 현지협상 대신 LM 본부 부사장과 전화협상을 전개하였다. 그리고 간접적으로 새로 부임하신 청장님의 성정상 자칫하면 사업 자체가 진짜 백지로 돌아갈 지도 모른다는 협박 아닌 협박성 입장을 전하기도 했다. 다행히 필자의 전략이 먹혀들었는지 LM이 우리의 최종제안을 받아들이는 쾌거를 거두었다.

덧붙이자면 앞으로도 우리 방위사업청이 **미국을 비롯한 선진국과의 국외도입사업을 추진 시에 기술·가격협상에 좀 더 적극적으로 임할 필요가** 있다는 생각이다. FMS 경우에도 좀 더 적극적인 사업관리가 필요해 보인다. 미국이 한·미동맹이라고 해서 한국이 자기네 무기를 다른 나라보다 비싸게 사라고 강요하는 것은 아니지 않는가? 차라리 여기서 절감되는 예산으로 미국의 다른 무기체계를 더 사거나 방위비 분담 협상에서 조금 여지를 갖는 것이 오히려 한·미동맹 강화에 도움이 될 것이라는 생각을 지울 수 없다.

제3장

APT사업 실패의 쓰라린 기억

미국 공군의 노후화 된 T-38 탤론 고등훈련기를 신형으로 교체하는 사업에 한국의 T-50 고등훈련기 수출을 추진하는 사업은 APT(Advanced Pilot Training)사업으로도 잘 알려졌었다.

미국 고등훈련기 교체사업은 2017년 회계년도부터 사업이 시작될 예정이었고 2016년까지 입찰 제안서를 받아 2017년 말에 기종을 결정하는 것으로 사업계획이 잡혀 있었다. 최종적으로 APT 사업은 2018년 9월 27일 록히드 마틴(LM)-KAI 컨소시엄의 T-50을 제치고 보잉-사브 컨소시엄의 신규개발 기체(이후 T-7A 레드호크로 명명됨)가 선정되었다.

1. 한국 항공산업 발전 TF 출범

2013년 7월 필자가 방위사업청 방산진흥국장으로 부임하면서 신선하게 맞이하였던 사업 중의 하나가 미국의 훈련기 교체사업이었다. 우리 정부에서도 동 사업을 APT(Advanced Pilot Training)사업으로 명명하여 큰 관심을 기울이고 있었다. 그도 그럴 것이 APT사업은 과거 한국이 경험한 어떠한 방산수출과도 비견될 수 없는 100조에 이르는 역대급 규모였기 때문이다.

당시 한국 주도사인 KAI에 따르면 APT 초기물량은 350대(17조 원)이지만, 이 외에 가상적기와 미 해군 소요 후속 물량 등 기타 소요까지 합하면 거의 1,000대에 이르기까지 확대될 수 있는 엄청난 사업으로 알려졌다. 만약 미국 수출사업에 성공한다면 미국 외의 시장에서도 상당한 고등훈련기 수출 수요가 추가로 발생하여 그 야말로 세계 고등훈련기 시장을 제패할 수 있게 된다는 것이다. 거기에 수출 후 후속군수지원까지 포함하면 가히 고등훈련기 수출만으로도 방산수출 100조의 금자탑을 달성하는 역사적 쾌거가 기대되는 사업이었다.

그러나 한국 방산업계의 기대가 컸던 만큼이나 그 결과는 처참하였다. 아니 그 결과뿐만 아니라 소위 100조 방산수출의 금자탑에 접근하는 우리 정부 방산정책 당국자들의 개념 없고 무성의한 태도는 필자의 공무원 생활 경험 중에서도 도저히 용서가 안 되는 무개념 무책임의 결정체였다.

필자는 2013년 7월 방위사업청 방산진흥국장으로 취임한 이후 APT사업의 중요성을 인식하여 여러 가지 대비책을 강구하였다. 우선 사업추진 실무 TF와 정책자문위원회를 구성하였다. 이름하여 "The Dream High Korean Aircraft Industry Development Taskforce"(한국 항공산업 발전 TF) 제목 하에 방사청 방산진흥국장을 팀장으로 하는 정부 내 실무 TF를 구성하였다.

김○○ 전 외교부 통상본부장을 위원장으로 하고 KAI 전무, 항공산업 전문성이 있는 교수, 산업연구원 연구원, 협상 전문 변호사 등 7~8명 규모의 수준급 정책자문위원회도 구성하였다. 당시 APT사업 자문위원장과 자문위원들의 면면은 오히려 방사청 자문위원회를 능가할 정도로 능력 있는 분들로 편성되었고, 위원들에게 방사청장 임명장을 수여하는 등 체계적인 업무체계를 갖추었다.

이후 방사청이 주도한 TF에서는 여러 가지 사업추진 노력을 기울였다. 2014년도에만 실시했던 사항을 예를 들면 우선, 미국 측의 시험 훈련 비행사들이 한국을 방문했을 때에 과거에는 KAI만 들렀다 갔던 정도였던 것과는 달리 방사청에서도 비행사들을 초청해 설명회를 개최하고 여러 가지 편의를 제공하는 등 정부 차원의 관심과 노력을 아끼지 않았다.

두 번째로는 방사청과 산업연구원이 공동으로 국제 세미나를 개최하여 한국산 초음속 고등훈련기 T-50의 우수성을 세계에 알리고자 애썼다. 동 세미나에는 미국 LM의 대표도 참여하여 발표를 하고 세계적인 군사전문 연구기관인 SIPRI 측 인사도 연사로 참여하는 등 한국의 미국 고등훈련기 교체사업 참여 의지를 한껏 고양하였다. 대내외 언론의 관심도 불러일으키는 계기가 되어 한국 측의 APT사업 참여 의지를 널리 알리는 계기가 되었다.

세 번째로는 한국의 산업연구원과 미국의 대표적 안보 싱크탱크(Thinktank)인 CSIS가 국제세미나를 공동개최하여 KAI-Lockheed Martin 컨소시엄의 APT사업 참여 의지를 미국 정부와 대내외에 널리 알리는 역할을 하도록 하였다. 이러한 노력의 결과로 여러 외국 언론이 APT사업에서 LM-KAI 컨소시엄이 상당히 약진을 하고 있다는 기사를 여러 차례 쏟아내기도 하였다.

그러나 이렇게 가열차게 진행되던 노력들이 어느 순간부터 갑자기 실종(?)되어 버린다. 대통령을 비롯한 정부 최고위 당국자들이 과연 이러한 사업이 진행되고 있는 것을 알고나 있는지 모를 정도로 정부 내 관심을 확인할 수 없었고 지리멸렬을 계속하다가 결국 APT사업은 미국 보잉-SAAB 컨소시엄으로 사업자가 결정되는 것으로 결말이 지어졌다. 도대체 무슨 일이 있었던 것일까?

2. 허공에 날려버린 100조 방산수출 기회

2015년 1월 경 어느 날 방사청에서 국방산업발전 실무회의가 열리고 있었다. 회의가 어느 정도 진행되던 중 의장인 방사청장이 무언가 불편하고 이해가 안 되었던 탓인지 간사인 방산진흥국장에게 "도대체 정부 내 방위산업 업무 컨트롤 타워가 어디인가?"라고 질문을 던진다. 질문을 받은 방산진흥국장이 한참을 머뭇거리다가 "저희 방위사업청이 정부 내 컨트롤 타워입니다. 청이다 보니까 조금 현실적인 한계가 있는 것도 부인할 없는 사실입니다"라고 답한다.

문제는 회의 주재자인 방사청장이 자기가 주재하는 회의 내용이 다른 부처 일로 느껴졌다는 한심한 얘기에 다름 아닌 상황이 연출된 것이다. 물론 당시는 신임청장이 부임한 지 두 달여가 채 지나지 않아서 업무 파악이 제대로 안 되었을 수는 있다. 하지만 청장이 되기 전 수십 년을 방산분야 연구소에 근무하여 방산전문가로 평가되어 청장에 보임되었다고 보면 방사청장의 전문가로서의 능력을 다시 볼 수밖에 없는 한 장면이었다.

기억에 지울 수 없는 또 다른 몇 장면이 생각난다. 2014년 12월 방사청 월간회의 정도로 기억이 된다. 필자는 당시 방산 국제협력과 수출과 관련하여 유럽 출장을 마치고 귀국하던 중 다음 월간회의에서 방산수출 업무에 관한 발표 임무가 주어졌으니 준비하라는 얘기를 들었다. 마침 방산업무 관련 출장을 다녀왔으니 여러모로 잘 되었다는 생각에 준비도 꽤나 충실하게 하고 평소에 하지 않았던 시나리오까지 준비하여 회의에서 발표를 성공적으로 마쳤다. 발표를 했으니 질문이 있는 것은 당연하고 내 일이고 준비까지 했으니 답변도 딴에는 적절하게 잘 했다고 생각했다.

그런데 회의 주재자이고 질문을 한 당사자인 청장의 반응이 영 뜨악했다. 우리의 계약기준 방산수출 발표액이 사기가 아니냐는 식이었다. 계약 후에 계약이 해지되는 등 실제 수출로 실행이 안 되는 경우도 있을 터인데 다른 산업부문처럼 출고 기준으로 발표하지 않은 것이 잘못되었다는 것이었다.

물론 기준은 다르지만 계약기준임을 분명하게 밝혀 왔으며, 당시만 해도 한국의 방산수출 규모가 워낙 미미해서 출고기준으로 하면 계약기준의 1/3 수준에 불과하므로 대국민 홍보와 사기진작 차원에서도 역대 정부에서 계약기준을 사용해 왔다고 회의 후에 추가로 설명을 드렸지만 막무가내로 설명을 들으려 하지 않았다. 나중에서야 깨닫게 된 것이지만 당시 청장이 월간회의에서 방산수출관련 보고와 설명을 지시한 것은 방산수출 업무에 대한 이해와 공감대를 넓히려는 것이 아니고 공개적으로 방산수출업무 흠집내기 기회로 활용하려 했던 것으로 보인다.

그도 그럴 것이 방산진흥국장은 얼마 있지 않아 방사청 계약관리본부 장비물자계약부장으로 보임이 된다. 장비물자부는 방사청 내에서도 소위 '지뢰밭'이라 불릴 정도로 직원들이 근무를 기피하는 것으로 알려진 부서였다.

기존 정책수행자가 마음에 들지 않아서 사람을 바꾸고 새로운 발전적인 정책으로 더욱 성과를 내고 방산수출도 늘고 방산 국제협력관계도 더욱 증진이 되었다면 어느 누구도 토를 달 수 없을 것이다. 그런데 전혀 그렇지 못하고 오히려 방산수출도 줄고 뭐가 중요한지도 모르고 100조대의 방산수출을 기약할 수 있는 APT사업 같이 중요한 사업이 방산업무 주무부처인 방사청의 일인지도 모르고 힘 한 번 제대로 못 써보고 사업을 완전히 놓쳐 버린 것은 큰 문제가 아닐 수 없다.

또 하나의 실소가 나오는 장면이 기억난다. 아마 후임 방산진흥국장이 부임하고 최소한 6개월은 지난 후 어느 월간회의였던 것 같다. 방산진흥국장이 국방부에서 주관하는 APT사업 TF 회의에 참석하겠다고 보고하면서 "우리 청하고 관련되는 일은 감항인증 정도가 있다"고 보고를 하는 것이었다. 필자는 그 순간에 우려했던 일을 현실로 목도하고 그야말로 통탄을 금하지 않을 수 없었다. 아니 주무부처가 방사청인데 우리하고 관련된 사항을 운운하고 그것도 일부 지엽적인 얘기를 하는 데 아연하지 않을 수 없었다. 또 한심하게 그 보고를 그대로 받고 있는 방사청장을 보면서 참으로 APT사업은 이미 물 건너갔다는 것을 알 수 있었다.

왜냐하면 그 국방부에서 주관하는 APT사업 TF라는 것이 그야말로 의례적인 수준의 상황 점검 회의 성격의 TF였기 때문이다. 필자가 방산진흥국장으로 근무하면서 방사청이 청 단위이기 때문에 정부 전체의 컨트롤 타워로 기능하는 데 있어서는 없지 않아 한계가 있는 상황을 절감하고 있었다. 미봉책으로 총리실에라도 APT사업 TF를 설치하였으면 하는 구상을 하고 있었는데 마침 국방부 백모 차관이 사업에 관심을 갖고 TF 설치를 희망하는 것이었다. 그래서 아쉬우나마 일단 국방부에라도 TF가 있는 게 좋겠다고 생각하여 TF 설치에 동의를 하였던 것이다. 또 다른 국방부 TF 설치 동의 이유는 국방부는 방산수출과 관련해서는 아무런 조직도 예산도 없었기 때문에 실제로는 방사청에서 지원하고 이끌어 가는 형국이 될 것이라고 보았기 때문이다. 그렇게 만들어진 국방부 TF가 마치 APT사업의 주무 역할을 하고 방사청은 아주 지엽적인 보조 역할을 하는 것이 당연한 것처럼 여겨지고 있었으니 그 사업의 앞날은 보나마나 뻔한 것이었다.

APT사업 기간 중 방위사업청장은 이용걸에서 장명진, 전제국으로 바뀌어 갔으며 정권도 이명박에서 박근혜, 문재인 정부로 변화가 있었다. APT사업이 본격 궤도에 오른 박근혜 정부 초기에는 그래도 어느 정도 관심이 유지되었다. 그러나 장○○ 청장이 부임하면서는 방산수출에 대한 부정적인 인식이 있지 않나 싶을 정도로 방사청의 APT사업에 대한 관심이 현저히 저하되었다. 국방부 차관이 이끄는 TF에서 현황 파악 정도를 하다가 문재인 정권으로 정부가 교체되면서부터는 APT 사업에 대한 동력이 완전히 상실된 것으로 보인다.

 필자가 문재인 정부 초대 방사청장인 전○○ 청장에게 APT사업에 대한 운을 띄워보기도 하였으나 일단 필자의 담당 업무가 아니다 보니까 한계가 있을 수밖에 없었다. 또 당시 방산진흥국장 역시 전임자로부터 APT사업에 대한 절실함을 인계받은 바가 없어서인지 LM-KAI 컨소시엄이 Boeing-SAAB 컨소시엄에 가격경쟁력에서 너무 취약한 상태라서 가능성이 별로 없다는 식으로 입장을 표명하였다. 전○○ 청장은 가능성이 없는 사업에 괜히 연루되는 것 아닌가 하는 우려를 가지게 되었는지 APT사업 자체에 큰 관심을 표시하지 않았다.

 필자는 아직 포기할 단계가 아니고 필요한 노력을 해볼 만한 충분한 가치가 있는 사업임을 역설했다. 최소한 대통령께서 APT사업이라는 게 진행되고 있다는 사실을 인지하여야 하고 청와대 안보실장이 직접 총대를 메고 미국 정부와 협상에 나서야 된다고 주장하였다. 그러나 이미 주관부처로서의 사명감은 물 건너간 상황이다 보니 국외자가 되어있던 필자의 역설은 공염불에 지나지 않았다.

APT사업은 최종 수요자가 미국 정부와 미군이기 때문에 우리 정부의 역할과 국가적 협상이 중요했다. 또 당시는 미국이 한국에 SAAD 배치와 판매를 희망하고 있었고, 여타 미국과 관련된 사업들이 있어서 대미협상 카드도 쥐고 있던 때였다. APT사업은 두고두고 생각해도 아쉬움을 지울 수 없다.

3. 무개념 정부 당국자

APT 사업과 관련해서는 너무 아쉬움이 크다 보니 자꾸 여러 장면이 스친다. 2018년 2월 싱가포르 에어쇼에서의 일이다. 원래 방사청장이 참석하려 했던 행사인데 사정이 생겨서 대외업무 경험이 있는 필자(당시 직책은 계획지원부장)가 대신 참석하였다. 세계 3대 에어쇼 중에 하나이다 보니 한국의 KAI에서도 참가하였고, KAI의 자랑인 T-50의 에어쇼도 계획되어 있었다.

자연스럽게 KAI의 김○○ 사장과는 여러 차례 조우하였고 KAI

부스를 방문하고 살레에서 별도의 만남도 가졌다. "유감스럽게도 이 세상에 미국에 대한 T-50 수출 문제에 대한 관심을 가진 것은 본인(김○○ KAI사장)과 담당자 딱 두 사람인 것 같다"라고 애로를 실토하는 것이었다. 그래도 뭔가 노력을 해볼 수 있지 않겠느냐고 물꼬를 터보려 했는데 말문이 막혀 더 이상 할 말이 없어졌다. 대한민국에는 APT사업에 관해서는 정부도 정책당국자도 실무자도 없다는 한탄에 다름 아니었다.

한편 2018년 9월 어느 날 도산 안창호함 진수식이 거제에서 거행되었다. 대통령이 참석하는 뜻 깊은 행사였고 수많은 국방과 군 관련 주요 인사가 참석하였다. 필자는 방사청 실무진 중의 하나로 참석하는 영광을 누렸는데 진수식 행사 후 대통령께 주요방위사업 현황을 보고하는 별도 행사를 가졌고 군 주요인사들이 참석하였다. 자못 축제분위기에서 보고가 이어졌고 대통령의 격려 말씀이 있었고 이어서 몇몇 인사가 약간의 토론성 대화에 참여하였다.

그때에 국방부 장관이 자신도 빠질 수 없다는 듯이 마이크를 잡더니 하는 말씀이 "대통령님 저 멀리서 T-50 수출 관련해서 좋은 소식이 들려오고 있습니다. 아주 기대가 되는 기쁜 소식입니다"라고 언급을 하는 것이었다. 순간 필자는 아연실색하지 않을 수 없었다. 여태까지 필자가 잘못 알고 있었던 것 아니었나 싶어서 당황스럽기 이를 데 없었다. 일국의 국방부 장관이 대통령에게 그것도 수많은 군 주요인사가 참석한 가운데 헛소리를 하기는 쉽지 않다는 생각이 자연스러웠기 때문이다. 그것도 APT사업 최종 발표를 얼마 앞두지 않았던 시점이었다.

그래서 필자로서는 도저히 믿기지 않던 차였는데 마침 행사 후에 국방부 전력자원관리실장을 만나게 되었다. 그래서 장관님의 T-50 수출관련 언급이 근거가 있는 것인지를 물었다. 답이 걸작이었다. "모르겠어요. 도대체 왜 그런 소리를 하시는지…." 결국 그 장관의 헛소리 10여 일 후인 2018년 9월 27일 APT사업은 보잉-사브 연합으로 최종 결정되었다.

어쭙잖고 장황하게도 겪고 본 얘기를 나열한 것은 얼마 전에도 언론에서 미국의 고등훈련기 2차 교체사업(ATT : Advance Tactical Trainer)에 관한 얘기가 등장하는 것을 본 탓이다. 과거 우리 정부의 국방과 방산정책 당국자들이 얼마나 엉성하게 100조 방산수출 사업에 임하고 방기했는지 그 기억들이 커다란 아픔으로 다가와 미래를 향한 교훈으로라도 삼아야겠다는 생각이 들어 당시의 기억을 더듬어 보았다.

방산수출 사업은 경쟁상대가 있기 때문에 성사가 될 수도 있고 안 될 수도 있다. 그러나 정부 차원에서 제대로 힘 한 번 못써보고 사업을 날려버리는 어리석은 일이 다시는 반복되지 않기를 바란다. 방산수출 업무는 방산기업의 생산능력과 기술력 그리고 정부의 적극적인 지원이 함께 펼쳐져야 대외경쟁력을 가질 수 있다.

제4장

세계가 좁았다
: 할 일은 많고 세상은 넓다

　방위사업청에 근무한 10년의 세월 중에 가장 보람차고 신났던 일 중의 하나가 방산진흥국장 재임 20개월이었다. 방산진흥국장은 방산수출과 방산국제협력이 기본업무이다 보니까 임기 내내 세계가 좁다고 외국 돌아다니기에 바빴다. 그것도 나라의 운세가 욱일승천의 기세에 있다 보니까 세계 어디를 가도 한국과 협력하기를 희망하고 크게 환대를 받았다. 과거 김우중 대우그룹 회장이 "세상은 넓고 할 일은 많다"고 하면서 세상을 거침없이 누볐다는 일화를 필자가 직접 실감하는 순간들이었다. 재임 중 2년 연속 사상 최대 방산수출 실적을 달성한 것도 다 이런 국운 상승의 기세를 탈 수 있었던 덕분이었다.

1. 역대 최대 방산수출 2개년 연속 달성

하고 싶은 일을 하게 된 기쁨으로 시작한 방산진흥국장 역할은 역시 매력적이었다. 2006년 개청 당시 2.5억 달러에 불과했던 방산수출액이 2008년에는 10억 달러로 커졌고 필자가 부임한 첫해인 2013년에는 34억 달러, 두 번째 해인 2014년에는 36억 달러를 기록했다. 그야말로 욱일승천하는 기세로 사상 최대 방산수출액을 연거푸 두 번씩 달성하였다.

수출 시장 개척을 위해서 방산 국제협력의 지평을 넓히기 위해서도 국제적으로 열심히 뛰어 다녔다. 방산진흥국장 20개월 재임 중에 해외 출장을 20회 정도 다녔다. 원래 필자가 구상하던 출장에 비하면 반절 정도이지만 아마 공무원 출장으로는 기록적인 숫자가 아닐까 싶다. 한 번 출장을 가면 보통 2~3개국을 다니니까 나라 수만 해도 엄청났다.

더욱 신이 났던 것은 세계 어느 나라를 가도 우리 대표단에 대한 대접이 융숭했다는 것이다. 이제 나라가 커져서 세계 어떤 나라라도 한국에 대한 접대를 소홀히 하지 않았다. 일개 국장이지만 미국 등 선진국 몇 나라를 빼고는 그 나라 국방장관이나 군 수뇌부를 만나는 게 어렵지 않았다. 작은 나라들에서는 필자를 만나려고 군 수뇌부가 줄을 섰을 정도이고, 어떤 때는 한꺼번에 여러 고위직 위자를 한자리에서 상대하기도 했다.

이라크와 같이 당시 전쟁 중인 나라의 출장도 마다하지 않았다. 워낙 험악한 전장 상황이다 보니까 일부 관계자들은 이라크 출장을 꺼리는 사람들도 있었다. 하지만 필자와 우리 방산진흥국 수출팀에게는 이런 것은 문제도 아니었다. FA-50 24대 수출 계약 시에는 방사청장님까지 모시고 이라크 출장을 감행했다. 이라크는 총리 영빈관을 우리 숙소로 제공하는 등 환대를 아끼지 않았고 청장과 이라크 총리의 대담도 어렵지 않게 이루어졌다.

주요 수출 국가와의 방산·군수공동위원회 개최 시나 수출대상국 방문 시에는 수출품목 해당 기업체를 동반하여 사업설명회를 개최할 수 있도록 지원하였다. 상대국 장·차관급이나 무기 획득 주요 정책 결정자들에게 직접 사업설명 기회를 갖게 되는 것이니 업체들의 판매 전략에 큰 도움이 되었을 터이다.

2014년 아제르바이잔 방문 시에 그 나라 해군사령관이 "대한민국은 못할 게 없는 나라이다. 우리는 한강의 기적을 잘 알고 있다"
고 하면서 한국과의 협력을 강력히 희망하던 기억이 새롭다. 우리
스스로는 냉전 종식 이후 유럽 선진국들이 재래식 무기에 대한 관
심을 멀리한 덕택에 생긴 틈새시장이 우리의 방위산업 유지를 가
능하게 했다고 약간의 자조적 평가를 하기도 했었는데 외국에서는
한국의 발전을 경이로워하기만 했다.

아직도 6·25 전쟁의 폐허 속 한국을 기억하는 나라들에게는 한
국의 눈부신 발전이 놀랍기만 하고, 그들이 보기에는 한국이 그야
말로 자주국방을 이룩한 군사·방산 선진국인 것이다. 그러니 자연
스럽게 외국에 가면 저절로 어깨가 으쓱해지곤 했다. 방산진흥국장
시절은 대체로 좋은 기억을 갖고 있지만 마음 아픈 기억도 없지는
않았다. 대표적으로 쓰라린 기억으로 남아 있는 미국 고등훈련기
교체사업 참여 실패에 관해서는 앞에서 별도로 상술한 바 있다.

2. 印尼·페루 국방현대화전략 지원 구상

방산수출 전략과 관련하여 인도네시아나 페루 같은 나라에게는
'국방 현대화 전략' 또는 '미래 전력증강계획'을 우리가 수립해 주

면 어떻겠느냐 하는 구상을 해 보기도 했다. 당시만 해도 인도네시아는 한국 방산수출의 제1고객이었다. 주지하다시피 우리로부터 T-50i 16대와 잠수함 3척은 물론 KFX-21 공동생산 국제협력국으로 참여하고 있었다.

2014년 조코위 대통령이 당선 후 인수위를 꾸렸을 때 인수위 안보국방분과위 부위원장이라는 핵심인사를 만났었다. 그 자리에는 우리로 치면 KDI와 KIDA(한국국방연구원)을 합친 기능을 하는 국책연구원장도 배석을 하였었다. 우리 쪽은 당시 방사청장과 방산진흥국장인 필자와 주인니(印尼) 방산협력관이 함께 자리를 하였다.

그 자리에서 인도네시아 측의 미래 국방운용 계획에 대해서 개략적인 설명을 들을 수 있었다. 인도네시아가 원하는 미래 국방의 길이 과거 그리고 지금도 한국이 걸어오고 경험한 길과 비슷하다는 것을 확인하였다. 17,000여 개의 섬들로 이루어진 국가이므로 해안경계 강화를 위해 해양경찰을 창설하겠단 대목에서는 우리 조선 시장의 진출 가능성이 무한히 펼쳐지는 느낌까지 들었다. 잠수함과 함정을 필두로 한 인도네시아에 대한 우리 방산수출이 앞으로 10년 내에만 해도 30~50억 달러 이상 기대되는 순간이었다.

귀국해서 필자는 곧바로 우리 KIDA(한국국방연구원)과 인도네시아 국책연구기관이 공동 참여하는 '인도네시아 국방 현대화 전략' 수립 계획을 추진하기로 마음먹었다. 하지만 계획 수립 초기 단계에서 필자는 방산진흥국장 자리에서 물러나게 되었다. 안타깝게도 그 이후 상황은 어찌되었는지도 모른다. 아마도 흐지부지 되어버렸지 않을까 싶다.

페루의 경우도 2012년 우리 KT-1P 훈련기 20대를 도입했는데 미래 전력증강과 현대화를 위한 노력과 계획들에 비추어 우리의 경험을 충분히 전수할 수 있는 경우였다. 페루는 우리의 중남미 방산수출의 전초기지로서의 효용성 역시도 충분하다고 보았다. 특히 당시는 '오얀타 우말라' 페루 대통령이 무관으로 한국 근무경험이 있는 등 우리나라에 매우 우호적인 분위기도 도움이 되었다.

다행히 최근에 이르러 페루와의 방산협력 관계는 상당한 진전이 있는 것으로 전해진다. 인도네시아와 페루의 예를 들어 보았듯이 우리가 수십 년째 동어 반복해왔던 지역별·국가별 맞춤형 수출전략이 이제는 제대로 수행될 수 있기를 기대해 본다.

3. '방위산업 발전 2030' 유감

지금의 한국 방위산업은 유사 이래 최고의 성세를 맞고 있다. 방산수출 규모만 해도 2025년 한 해에 수백억 달러가 예상되는 등 얼마 전까지만 해도 상상도 할 수 없었던 수준으로 성장세에 있다. 한화, LIG넥스원, KAI 등이 세계 100대 기업 그것도 상위권에 진입하였다는 소식도 반갑다.

그러나 필자가 방산진흥국장으로 근무할 때만 해도 우리나라는 아직 방산소국일 뿐이었다. 필자는 근무하는 부서마다 항상 업무 관련 미래발전계획을 수립해 왔던 터라 미약한 우리 방산의 미래를 크게 펼쳐보고자 '방위산업발전 2030' 계획을 세웠었다. 다만 여기서 유감이란 표현이 등장하는 것은 계획을 세워놓자 마자 장비물자계약부장으로 보직을 옮기는 바람에 제대로 실현을 못 시킨 아쉬움에 따른 표현이다.

방산진흥국장으로 1년쯤을 지내다 보니까 우리 방위산업의 국제경쟁력 증진과 새로운 성장동력 확보가 절실하다는 생각을 하게 되었다. 우리 방산업체의 지속적인 성장에도 불구하고 세계 100대 방산업체 중 우리 방산업체는 4개사에 불과하였으며 그것도 50위 권 내에 진입한 기업은 전무한 상황이었다. 방위산업 중요성에 대한 공감대가 커지고 방산수출도 개청 이후 10배 이상 급증하여 2013년 34억 달러로 사상 최대를 기록하고는 있었지만 앞으로 우리 방위산업이 처하게 될 상황은 녹록치 않을 것으로 전망되었다.

우선 2010년 이후 방위산업 매출액은 10조원 대에서 정체되고 있었다. 무기체계의 특성상 국내 소요가 어느 정도 채워진 탓이다. 반면에 중국은 2013년에 프랑스를 제치고 최초로 세계 방산수출 4위를 차지하였다. 일본은 일본대로 '무기수출 3원칙'을 '방위장비 이전 3원칙'으로 대체하여 방위산업을 신성장사업화하기 위해 무기수출의 길을 열고 있었다. 물론 미국, 러시아, 이스라엘 등 전통적인 방산강국의 수출 강세는 지속되고 있었다.

우리 정부도 2009년 전문화·계열화 제도를 폐지하여 국방연구개발의 경쟁 도입 기반을 마련하고 국방 R&D 투자 비중을 2008년 5.4% 수준에서 2013년 7.1% 수준까지 지속 확대하는 등 여러 가지 노력을 체계적으로 구축해 왔다. 기업의 자발적 경영혁신을 지원하여 방산원가는 실발생 보상의 틀은 유지하되, 이윤 상하한제 폐지와 업체노력에 대한 이윤 차등폭이 확대되도록 하였다. 원가검증단을 구성하고, 국방통합원가시스템을 구축하며, ADD(국방과학연구소)를 중심으로 하는 국제공동연구개발도 추진해 왔다.

그러나 이러한 노력에도 불구하고 여러 한계에 봉착해 있는 현실 또한 분명했다. 전문화·계열화 폐지 이후에도 방산물자 지정을 통한 양산단계에서의 칸막이는 여전히 남아 있었다. 원가제도도 사후정산 중심의 실발생 원가보전 위주로 운영되어 업체의 자율적 원가절감과 기술혁신 유도에는 제한적으로 작용하고 있었다.

그리하여 필자는 2030년 세계 7대 방위산업 강국 진입을 비전으로 하는 '방위산업발전 2030 추진 계획'을 수립하였다. 방산 수출도 2013년 34억 달러 수준이었는데 2030년에는 200억 달러를 목표로 하였다. 생산은 2013년 약 12조 수준에서 2030년에는 25조 수준, 고용은 2013년 3만 5천 명에서 2030년 7만 5천 명을 목표로 삼았다. 세계 100대 방산기업에도 2030년에는 10개 진입을 목표로 하였다.

이를 위해 우선 청내 의견 수렴과 공감대 확보를 위해 각 부서 실무진이 참여하는 TF를 구성하였다. 방산업체와 방산학계 등 전문가들의 의견도 수렴하기 위하여 2014년 7월 TF 구성 후 3개월에 걸쳐 LIG넥스원, 이오시스템 등 대·중소 14개 기업 방산 CEO와 방산학회장, 청 정책자문위원장 등의 인터뷰를 통한 의견 수렴을 실시하였다. 청장님이 주관하는 방산업체와 연구기관이 참여하는 정책세미나를 2014년 12월에 개최할 계획이었다. 제목은 세미나였지만 필자는 내심 2박 3일 정도의 강도 높은 워크숍을 구상하고 있었다. 기업체 CEO들도 임기가 있다 보니까 미래 발전보다는 당면 현안과 눈앞의 성과에 치우치는 경향이 있어 이를 극복하고 감히 15년 뒤의 미래방산을 함께 그려 보자는 취지에서였다.

초기 몇 달 동안에는 '미래 방위산업발전 2030 수립 계획'이 차근차근 추진되었다. TF 출범 후 얼마 되지 않아 앞서 제시한 비전과 목표로부터 5개 추진방향을 설정하고, 15개 추진과제를 정리하였다. 그러나 이 계획은 필자의 보직 이동으로 제대로 빛을 보지 못하고 말았다. 특히 기업체 CEO들과 방산의 미래를 놓고 밤새 토론해 보려는 기회를 갖지 못한 것이 못내 아쉽다. 다행히 10년이 지난 현재는 방위산업계가 눈부신 발전을 해나가고 있고 필자가 구상했던 많은 일들이 실현되고 있어 크게 위안을 삼고 있다.

제5장

영웅들과 함께 한 방사청 지뢰밭

화려하다면 화려했던 방산진흥국장 다음 보직은 청에서 제일 인기가 없고 '방사청의 지뢰밭'으로 소문난 장비물자계약부장이었다. 실제로 내가 부임할 당시에 前부장이 구속(전 부장은 끝까지 무죄를 주장한 사안)되어 있는 등 방사청 지뢰밭에 어울리는 장면들이 연출되고 있었다.

비슷한 시기에 기획재정부 출신 차장이 부임했었는데 "청에 오면 고시 출신에 경험이 많은 이 국장님과 일을 같이 하려 했는데 좌천성 인사가 있었던 게 유감이다. 업무 실적도 아주 탁월했는데 어떻게 그런 일이 있었는지 모르겠다"고 했던 말이 기억난다. 어쨌든 그 차장님은 그 이후에도 필자를 여러모로 살펴 주시고 인정해 주셨던 고마운 분으로 기억에 남아 있다.

1. 우리들의 영웅

장비물자계약부장은 군 장병의 의·식·주와 관련된 물자를 도입하고 군 차량, 무전기 등 비무기체계 획득 계약을 수행하는 자리였다. 그런데 그중에 특히 의류품 즉 군복이라든지 체육복이나 신발, 김치 등을 납품하는 업체들에 보훈·복지단체 또는 장애인 단체들에서 운영하는 기업체가 상당수 있다.

문제는 이분들이 6·25전쟁, 월남전 등 상이용사이거나 신체적 장애가 있는 분들이기 때문에 회사를 운영하는 경영진과 기술자들을 고용해서 업체를 운영하는 게 보통이었다. 때문에 품질 문제나 성능 미충족 등의 문제가 발생하기 다반사였다. 이런 문제가 납품 비리, 가격 비리 등으로 발전하기도 하면서 장비물자계약부는 언제 어디서 어떤 문제가 터질지 모르는 '방위사업청의 지뢰밭'으로 명성을 높이게 된 것이다. 여기에 보훈·복지단체와 장애인 단체는 정부가 국가에 공헌한 이들과 사회적 약자에 대한 지원책을 충분히 갖추지 못해서 생기는 일이라면서 정부 규탄 시위를 자주 일으키곤 하는 악순환의 연속이었으니 그야말로 점입가경이었다.

그러나 필자가 부장으로 근무한 근 3년 동안은 보훈·복지단체와 장애인 단체들의 집단 시위가 한 번도 발생하지 않았다. 전에는 어렵기만 했던 보훈·복지단체나 장애인단체들과의 업무에 필자는 나름의 코페르니쿠스적 전환을 시도했다. 필자는 자신들의 목숨을 걸고 나라를 지키고 오늘의 번영을 일구어 온 '우리들의 영웅'인 선배님들을 욕되게 해서는 안 된다고 주창하였다. 사회적 약자인 장애인들은 바로 우리들의 부모, 형제, 자매나 가족이 아닌가라고 설파하였다.

납품 비리나 품질 불량 문제를 직접적으로 일으킨 경영진과 문제업자들을 우리들의 영웅과 장애가족들과는 철저히 분리하여 관리하도록 하여 도매금으로 욕을 먹지 않도록 하였다. 우리들의 영웅과 장애인들의 목소리에 지속적으로 귀 기울이고 관련 기업에도 수시로 방문하여 문제점을 살피고 해결을 위한 노력을 기울이는 데도 게을리하지 않았다. 이리하여 보훈·복지단체와 장애인 기업들로 인하여 그토록 문제가 많다던 장비물자계약부에서 큰 탈 없이 3년의 근무를 성공적으로 마칠 수 있었다.

2. 장독대 : 장비물자계약부의 똑소리 나는 정책 대안

장비물자계약부장으로 근무하면서도 여러 가지 정책실험을 마다하지 않았다. 그중의 하나가 직원들의 '주인의식'과 '서비스 정신'을 불러일으키려는 노력의 산물인 업무사례집 『장독대』의 발간이었다.

방사청 지뢰밭에서 불철주야 근무하면서도 끝없이 실추되어 가고 있는 부 직원들의 자긍심 회복이 급선무로 여겨졌다. 제대로 일을 해나가려면 땅바닥에 떨어진 직원들의 사기를 불러일으키고 최소한 헌신하는 만큼의 정신적 보상이라도 주어져야 한다. 직장이 자랑스러워야 가족들에게도 자랑스러운 남편과 아내, 엄마 아빠로서 자리매김 되고 일할 맛도 날 것 아닌가?

그래서 생각해 낸 것이 부 업무를 대내외에 소개하고 자랑할 수 있는 책자를 발간하는 것이었다. 물론 전 직원이 하나도 빠짐없이 참여한다. 책자 이름부터 직원들로부터 공모하였다. 그래서 탄생한 것이 '장독대'였다. '장비물자계약부의 똑소리 나는 정책 대안'의 준말이다.

직원들의 적극적인 참여로 『장독대』는 금방 완성이 되었다. 전 직원이 함께한다는 상징적인 의미를 갖고 직원들이 부담 없이 용기를 갖고 참여할 수 있도록 표지 디자인부터 편집까지 모든 것을 신입 여직원에게 맡겼다. 전 직원 각자의 이름으로 작성 된 1~2개씩의 정책이나 업무가 소개된 아름다운 책자가 어렵지 않게 탄생했다.

청과 외부에도 널리 자랑을 했지만 우리 부 직원 모두는 자기 글이 담긴 책자 하나씩을 집에 가져가 자랑할 수 있었다. 서고에 남아 있는 장비물자계약부 전 직원의 자부심과 열정이 담긴 『장독대』1권이 지금도 그렇게 아름답기만 하다.

3. 행복담당관

장비물자계약부에서 필자가 도전적으로 제시하고 운영한 일 중에 하나가 '행복담당관'이었다. '행복담당관'은 장비물자계약부 직원들의 행복과 삶의 질을 향상시키는 것을 목표로 하였다. 물론 정식 직제에는 없는 일이다. 아마 우리나라에서는 정부는 물론 사법부, 입법부 어느 곳에서도 조직 구성원의 행복한 삶을 향상시키고

자 하는 이런 조직이나 담당자는 없는 것으로 알고 있다.

장비물자계약부장으로 부임하면서 방산비리의 오욕에 휘말려 사기가 극도로 저하된 우리 직원들로 하여금 어떻게 하면 조금이라도 업무에 대한 자긍심을 고양시킬 수 있을까 하는 고민이 적지 않았다. 그러던 어느 날 아랍에미리트(UAE)가 세계 최초로 정부 부처에 행복부(Ministry of Happiness)를 설치했다는 뉴스를 접하게 되었다. 필자는 무릎을 탁 쳤다. 그래 이것이다. 우리나라도 행복부가 필요하다. 필자라도 우리 부서에서 행복담당관을 운영해야 하겠다고 생각한 것이다.

앞서 얘기한 '장독대'와도 일맥상통하지만 너무 업무에만 매몰되다 보면 소확행, 그야말로 눈앞의 작은 행복들마저 다 놓쳐 버리기 십상이다. 그래서 부에서 제일 유능한 직원을 추천받아 '행복담당관'이라는 역할의 겸임을 부탁하였다. 이 직원에게는 고유의 업무 부담은 조금 줄여주고 우리 부서 전 직원이 어떻게 하면 조금 더 행복할 수 있을까에 관심을 가져줄 것을 당부했다.

그러면서 부 내에 많은 아이디어가 백출했다. 어떤 직원은 YouTube에서 알게 된 행복 스토리에 대한 정보를 직원들과 공유했다. 커피 바리스타 자격증을 가진 직원은 점심 식사 후에 본인이 만든

맛있는 커피를 직원들에게 서비스하였다. 특히 그 간에 무심하게 지나오던 직원들의 아픔이나 어려움에 좀 더 관심을 주고 배려하려는 모습들이 점차 늘어갔다. 필자는 우리나라에도 빨리 행복부가 설치될 수 있기를 고대한다.

4. 군수품 선택계약제도

군수품 선택계약제도는 조달청의 MAS(Multiful Award Schedule)제도를 벤치마킹하여 설계되었다. 장비물자계약부 조달계약관리팀 실무진의 아이디어로부터 시작된 제도로 군수품 조달에 대한 군 장병들의 만족도를 높이고 조달시스템의 효율성과 투명성을 제고하는 데도 기여할 것으로 기대가 되었다.

군수품 선택계약제도는 MAS제도처럼 특정 품목에 대하여 여러 제조사의 제품을 목록화하여 장병들이 직접 선택할 수 있도록 하였다. 2016년에 첫 시범 계약으로는 주스류 2개 품목(사과, 포도)에 대하여 시범계약을 실시하였다. 품목별 3개 업체 제품으로 3개월간 급식 실시 후에 월 단위 급양대별 선호품목으로 급식을 실시하였다. 실시 결과 국방부 설문조사에서 장병들의 96.1%가 '만족

한다'고 답변하는 등 수요자 만족도가 크게 증대하였다.

제도가 시범 실시되는 데까지도 상당히 많은 시간과 노력이 투입되었다. 2014년에 방위사업법과 법 시행령을 개정하였고 다음 해에는 군수품 선택계약 업무처리규정을 개정하였다. 2016년에는 품목 및 계약업체 수 등에 대해서 관련 기관 의견을 수렴하였고 군수품 선택계약제도 실시를 위한 전산시스템도 구축하였다. 2016년에 2개 품목을 시범 실시하였고 이어 대상품목을 점차 확대해 나가기로 하였다.

군수품 선택계약제도 실시로 수요자인 장병들이 직접 물품을 선택하게 함으로써 장병들의 만족도를 현저히 높일 수 있었다. 여태까지 "군수품은 품질이 나쁘다"는 자괴감으로부터도 벗어나 "우수한 제품을 제공받는다"는 만족감이 증대되는 효과도 컸다. 이 제도가 확대 적용되면 앞으로 군 조달 시스템의 효율성과 투명성 제고에도 적지 않게 기여할 수 있을 것으로 기대된다.

공무원 생활하면서 한 보직에서 3년을 보낸 것은 장비물자계약부장이 처음이자 마지막이었다. 밀려서 맡은 보직이다 보니 여러 모로 운신이 편치 않았고, 하나하나 행동을 조심하지 않을 수 없었다. 덕분에 직원들하고는 많은 시간을 함께할 수 있었다. 공무원

퇴직 후에도 당시의 직원들과 교분을 나누고 있다. 세상은 잃는 게 있으면 얻는 것도 있다는 것을 일깨워 주는 시간이었다.

제6장

Business Friendly

 방위사업청은 우수 군수품 조달에 대한 국민적 요구에 부응하기 위하여 투명하고 효율적인 조달 시스템을 구축하고 건전한 국방조달 참여환경을 만들어 가기 위해 부단히 노력해 왔다. 하지만 과거 방산비리의 망령을 떨쳐내려는 청의 부단한 노력도 업체와의 소송과 제재, 부당이득금 환수 등 청과 업체 간에 갈등이 적지 아니 발생하는 상황에서는 순조롭지가 않았다.

 이러한 상황에서 2018년 1월부터 계약관리본부 총괄부장인 계획지원부장 역할을 맡게 되었다. 힘든 상황에서 시작한 일이지만 계획지원부장으로 2년 가까이 근무하면서 방산 기업들이 방산비리의 오욕을 벗어나 활기차게 일할 수 있도록 크고 작은 Business friendly 정책과 제도개선 노력을 지속적으로 기울였다. 특히 계약관리심의위원회 위원장으로서 심의회로부터 도출되는 방산업체들의 애로사항을 직접적으로 접하고 실질적인 해결책을 찾아가는 역할을 할 수 있어서 업무를 수행하는 데 큰 보람이 있었다.

1. 국방조달 참여 환경 개선

Business Friendly 차원에서 방위사업청 계획지원부장으로서 수행했던 대표적인 일 몇 가지가 생각난다. 우선 첫째로 기업의 국방조달 참여환경 개선을 위해 '위험부담이 높은 무기체계 초도양산에 대한 지체상금 상한제(10%)'를 도입하였다. 이전에는 국내 방산업체들의 납품지연 시에 지체상금의 상한이 없어 부담이 과도하다는 지적이 많았다. 게다가 외국 업체의 경우에는 지체상금이 계약금액의 10%로 상한이 설정되어 있어서 국내외 계약간의 형평성도 문제가 되었다. 따라서 이 제도개선을 통해 국내업체와 외국업체 간의 계약 형평성을 제고하고 국내 방산업체의 경영부담을 완화하였다. 또한 결과적으로는 국내 방산기업의 전반적인 방산경쟁력 향상에 기여했다는 좋은 평가를 받았다.

둘째로 체계업체와 협력업체간에 적정한 책임이 분담되도록 제도를 개선하였다. 이는 조달 참여 시 2차, 3차 협력업체의 책임에도 불구하고 체계업체가 책임을 지는 구조로 되어 있어, 체계업체가 부정당제재에 따른 입찰참가 제한 등 영업상 과도한 불이익을 감수해온 문제를 해소해 주기 위한 노력이었다. 예를 들어 체계업체가 충분한 관리 체계를 갖추고 관리감독 노력을 기울인 경우에는 부정당제재 대신에 행정지도나 제재기간 감경 또는 차감 이윤율 차등 적용 등의 조치를 할 수 있도록 하였다.

셋째로 방산경쟁력 강화 차원에서 착수금 및 중도금 지급 규칙을 개정하였다. 예컨대 방위사업과 무관한 사유로 입찰참가자격 제한을 받은 경우 착·중도금을 지급하도록 하였다. 아울러 선금, 착·중도금 사용실태 정기점검을 통해 대·중소기업간 협력 및 공정거래가 확산되도록 하였다.

그 외에도 계획지원부장 재임 중에 국내조달 계약특수조건 표준 6종과 국외조달 계약일반조건 7종을 개정하기도 하는 등 상당히 많은 제도 개선 노력을 기울였다. 나중에 계획지원부장 당시 업무성과를 정리해 보니까 제목만으로도 3페이지가 넘어갔다.

계획지원부장 업무에 재미를 더할 수 있었던 또 하나의 이유는 나의 직책은 부장이었지만 본부장 못지않은 역할을 할 수 있었기 때문이기도 했다. 당시 본부장님은 내 의견이라면 거의 무조건 수용을 해주었다. 덕분에 나는 계획지원부와 계약관리본부 전체가 공통이 되는 사항에 대해서는 나의 정책 구상이나 혁신 실험을 마음껏 해볼 수 있었다. 직원 1인 1제안 제도 활성화로 직원들의 창의적인 업무수행 역량을 개발하고 낡은 제도를 현실에 맞게 재구조화함으로써 업무 효율을 획기적으로 개선하기도 하였다. 여러 가지 제도개선 성과와 병행하여 계약의 투명성, 협업에 기반한 반부패, 비리근절 정책 추진을 통해 정부 기관 최초로 방사청이 '한국신뢰성대상'을 수상하는 데 기여하기도 했다.

2. 방위사업청 4차 산업혁명 추진전략

2018년 8월 중순경으로 기억한다. 국방규격·목록 업무를 하는 직원 한 명이 "매년 국방규격·목록 발전 세미나를 개최해 왔는데 이번이 7회째입니다"라고 보고를 해왔다. 그러면서 청 차원에서 너무 세미나가 많다고 해서 작년에는 조달세미나와 통합해서 실시했다고 했다. 필자가 듣기에 너무 기계적인 것이 좀 식상했다.

그래서 제의하기를 규격·목록 업무는 문제가 되기 전에는 평소에도 별로 존재감이 없는 업무인데 발전 세미나까지 다른 세미나와 통합하는 것은 너무 소극적으로 보이니 별도 실시하는 것이 좋겠다. 또 제7회라는 것이 반복 기계적으로 들리니 『4차 산업혁명 시대 국방표준화업무 발전방향』으로 제목을 잡고 '제7회 국방규격·목록 발전 세미나'는 부제로 하자고 제의를 했다. 방위사업청에 4차 산업혁명이 주체적으로 등장하는 순간이었다.

통상 매년 11월 중순에 세미나를 개최하고 거의 매년 같은 스토리로 진행되다 보니 아마 세미나를 준비하고 참여하려던 사람들에게는 '멘붕'이었을지도 모른다. 잘 알지도 못하면서 4차 산업혁명 얘기를 해놨기 때문에 필자도 4차 산업혁명에 대해서 공부를 하고 세미나 당일 발표자들과 의견을 나누기도 했다. 세미나가 끝나고 장비물자규격과에 우리는 과연 몇 차 혁명시대 수준에서 업무를 하고 있는지 좌표를 그려 보라고 했다. 그랬더니 아뿔싸 우리 수준은 4차 산업혁명 초입은커녕 2차 산업혁명과 3차 산업혁명 중간단계 수준에서 업무를 하고 있다고 좌표가 말해 주고 있는 것이 아닌가! 2018년에 살면서 아무리 좋게 봐줘도 90년대 수준을 넘어서지 못하는 업무 행태를 보이고 있다는 것이다.

국방표준화업무시스템이라고 두 차례에 걸쳐서 상당한 예산을 투자해 놓고는 바보 시스템으로 만들어 운영을 하고 있는 한심한 상황도 확인이 되었다. 예전에 도면으로 그려서 캐비넷에 보관하던 것을 이제는 전산캐비넷에 보관하는 수준에 그치고 있었다. 그야말로 통탄하지 않을 수 없었다.

현실이 이러하니 이제는 4차 산업혁명시대 기술을 적용할 수 있는 방안을 강구하라고 지시하고 필자도 별도로 나름의 공부를 시작하였다. 마침 이때는 2019년 구정 연휴 때여서 일주일 정도를 풀로 4차 산업혁명 공부에 매진할 수 있었다. 짧은 지식과 소견밖에 갖고 있지 않다 보니까 4차 산업혁명에 대해서 알아 가는 게 너무나 재미있었다. 그러면서 자연스럽게 필자의 특기인 미래 비전과 기획에 대한 욕구가 샘솟듯이 솟구쳤다. 이름하여 「방위사업청 4차 산업혁명 추진전략 – 국방규격목록 플랫폼 구축을 시작으로」가 이렇게 탄생하였다. 연휴 일주일 동안 필자가 직접 구상하고 기획한 내용을 우리 부서의 재간둥이인 문○○ 소령이 멋지게 파워포인트로 작업을 하였다. 약 1주간의 보완 작업 후에 계약관리본부장에게 먼저 보고를 하였다.

본부장님의 첫 번째 질문은 "이게 누구의 아이디어냐?"였다. 생전 존재감이 별로 보이지 않던 규격목록팀에서 방위사업청 전체를 아우르는 4차 산업혁명 관련 보고서를 갖고 오니 그 자체가 믿기지 않았던 모양이다. 직원들이 "이정용 부장이 기획하고 직접 작성하였다"라고 답이 오갔다.

주요 내용은 방위사업관리 플랫폼을 구축하여 사업관리능력을 혁신적으로 제고하여 세계 일류 국방획득 역량을 구축하고 국방력 증진에도 기여하겠다는 것이다. 우선 4차 산업혁명이 무엇이냐는 물음에 대해서 나 나름의 정의를 시도해 보았다. "4차 산업혁명은 더 나은 세상을 위하여 D.N.A.(Data, Network, AI) 기술을 활용·융합하여 인간·사회의 문제를 해결하려는 인간·기술 혁명"이라고 정의하였다.

조금 어설플 수도 있지만 필자가 이렇게라도 나름의 정의를 하지 않았다면 어디에서든지 "4차 산업혁명이 도대체 뭐요?"라는 첫 질문에도 답하지 못하고 무너져 버렸을 것이다. 어차피 4차 산업혁명은 다양한 형태로 표현되고 정해진 얼굴도 없었기 때문에 정의 자체가 옳고 그르고 잘되고 잘못되고는 중요치 않았다. 숙고에 숙고를 거듭한 나 나름의 개념을 정의한 덕분에 그 이후 누구와 대화를 하든지 토론을 하든지 두려움이 없이 임할 수 있었다.

내용도 엄청난 도전이 전개된다. 업무 관련 플랫폼만 제대로 구축이 되면 방위사업청 직원이 1,600명인데 1/3 정도인 500명 정도로도 훨씬 효과적으로 업무를 수행할 수 있다고 보았다. 특히 사업관리 분야에 종사하는 1,000명은 1/5에 불과한 200명 정도면 충분하다.

더욱이 놀라운 점은 방사청이 그렇게 염원하던 방산비리 척결을 위한 근본적인 해결책이 제시된다는 점이다. 사업관리나 계약과정에 사람이 일을 하다 보니까 쓸데없는 재량이나 융통성을 기대하고 문제가 야기되는데 자동화된 플랫폼에서는 그럴 일이 자동적으로 사라진다. 오차가 발생한다면 수록된 데이터에 따라서 자동으로 보전이 될 터이니 꼭 사람의 판단이 개입되는 경우는 오히려 예외적인 경우가 되는 것이다.

필자는 이런 수준의 플랫폼 구축이 2019년 초 세상에 구현된 기술로도 얼마든지 가능하다고 보았다. 또 4차 산업혁명시대의 기술진보가 워낙이 빠르기 때문에 우리가 플랫폼을 구축하려는 목표연도 내(1, 2단계 2년, 3단계 4년, 4단계 5년 : 중첩적으로 동시에 추진)에는 얼마든지 성능 구현이 가능하다고 보았다. 몇 차례 학계와 IT 전문가 워크숍을 개최해 의견을 구하고, 사업관리본부 과장급 실무자들의 의견과 방사청의 전산업무 부서와의 협의에서도 얼마든지 가능하다는 확신을 가지게 되었다.

일찍이 2016년 '알파고'와 바둑천재 이세돌의 접전을 보면서 알파고 능력의 몇분의 일만 적용해도 방사청 계약업무의 대혁신을 기할 수 있을 것이라고 생각했는데 마침내 시행을 해볼 방도를 마련한 것이다. 당시 이세돌과 알파고가 접전할 때에 필자는 이세돌이 이길 것이라고 생각했다. 언론에 등장하는 상당한 분석도 알파고의 우세를 크게 점치지는 않았던 것으로 기억한다. 그런데 이세돌은 4전 1승 3패로 완벽하게 패배했다. 접전 이후 진행된 언론 인터뷰 때에도 필자는 이세돌이 "이제 한번 해봤으니까 다음에 하면 승리할 수 있다"라고 할 것을 기대했다. 그런데 웬걸, 예상과 달리 이세돌은 "다음에 알파고와 다시 대국을 하면 자신이 아예 상대가 되지 않을 것 같다"고 하는 것이 아닌가. 필자는 이때에 인공지능의 세상이 생각보다도 훨씬 가까이 와 있다는 것을 깨달았다.

앞서 사업·계약관리 인력이 현재 1,000명인데 200명이면 충분하다고 청장께 보고를 했는데 기실 필자의 생각은 100명이면 충분하다고 보았다. 그때가 문재인 정부의 일자리 늘리기 정책이 화두인 시절이라서 필자의 추진전략이 너무 파괴적이라는 소리가 날 수도 있을 것 같아서 숫자를 늘려서 얘기한 것이다. 그렇다고 필자가 무조건 인력을 줄이자는 것은 아니다. 인력 감축이 아니라 인력 재배치 및 효과적 활용 수단을 마련하자는 것이었다. 요컨대 행정을 하는 모든 부서는 사람이 부족하다고 하는 것이 입에 붙어 있다. 이러한 부서에 인력을 지원 배치하는 것이다. 또 선진국의 첨단 기술발전 속도를 보니 우리가 새로이 개척하고 배워나가고 발굴해야 할 분야가 너무나 많은데 이런 쪽에 인력을 조정 배치해 미래에 대비하고 국가적 역량을 키워나가자는 것이다.

필자는 방위사업청장과 후배들에게 지금 우리가 대비해 나가면 우리가 주도적으로 앞날을 헤쳐 나갈 수 있다고 역설했다. 우리가 선도적으로 관련 법규도 제·개정하고 정비해 나가면서 앞날을 개척해 가자는 것이다. 다행히 필자의 보고를 받은 당시 방사청장님이 상당히 시사점을 얻으신 것 같았다.

사실 2019년 2월 보고 당시 청장님 첫 반응은 "4차 산업혁명이란 말은 우리 한국 사람만 쓴다는데요"였다. 필자는 상당히 당황했지만 내심 그래도 보고는 해야겠다고 다짐하고 보고를 이어갔는데 본 내용에 들어가지도 못했는데 "제가 미래학자한테 직접 들은 얘기입니다"라고 하시는 것이었다. 그럼에도 불구하고 30여 분 가까이 끝까지 보고를 드렸는데 청장님의 마지막 멘트가 "주사위는 던

져졌다"였다. 필자를 보고 씩 웃으면서 하시는 말씀이었는데 지금 생각해도 보고평이 걸작이었다.

필자는 용기백배해서 관련부처·부서와 협조하여 적극 시행하겠다고 했는데 청장님은 제시된 4단계 중 우선 필자의 소관 업무인 1단계만 시행하라고 하셨다. 어떻든 소기의 성과는 거둔 셈이었다. 아쉽게도 필자는 그해 말에 명예퇴직 하였는데 1단계에 대해서는 퇴직하기 전 반년 동안을 시행을 해 보았고, 다음 해에 약간의 노력을 투자하면 성공적으로 시행될 수 있도록 기반을 마련해 놓았다.

「방위사업청 4차 산업혁명 추진 전략」은 방사청 최초로 4차 산업혁명에 대한 개념 틀을 제시하고 선도하여 방사청의 획득역량 구축 및 국방력 증진에 혁혁히 기여했다는 평가를 받았다. 필자로서는 공무원으로서의 사명감의 발동이었을 뿐이었는데 좋은 평가에 감사할 따름이다. 지금은 전략수립 시로부터 5년여가 훌쩍 지났으니 현재의 눈부시게 발전된 기술이 적용된다면 훨씬 효율적인 방안으로 활용될 수 있을 것이다. 필자가 퇴직한 후에도 청에서 간간이 4차 산업혁명 추진 전략에 대한 얘기가 오간다는 소식은 공무원 생활의 큰 보람으로 남는다.

■ 방위사업청 4차 산업혁명 추진전략(플랫폼 구축)

◈ 제1단계 : 국방규격·목록 플랫폼 구축

- 개념 : 규격·목록 데이터 ⇒ (빅데이터 활용)
  ⇒ **규격·목록 업무 개선**
- 적용업무 : 목록·규격화, 조달 판단업무
- 기대효과 : 규격·목록업무의 70% 자동화 대체 가능

◈ 제2단계 : 예산집행, 지출회계, 원가산정 플랫폼 구축

- 개념 : 예산원가 데이터 ⇒ (빅데이터 활용)
  ⇒ **원가·지출·회계 업무 개선**
- 적용업무 : 예산, 지출, 회계, 원가산정 업무
- 기대효과 : 빅데이터 분석 적용 시 지출, 회계, 원가산정 업무의 80% 이상 자동화 대체가능

◈ 제3단계 : 사업관리 플랫폼 구축【빅데이터 + AI】

- 개념 : 청 보유 데이터 ⇒【빅데이터 + 인공지능(AI)】
  ⇒ **방위사업 전 분야 업무개선**
- 적용업무 : 사업/계약, 예산, 표준, 원가, 방산수·출입 등

- 기대효과
  - ▶ 유사 사업단계 효율화, 반복·동일 기능 자동화로 방위사업 관리능력 획기적 제고
  - ▶ 개인의 정성적인 의사결정 최소화로 방산비리 개입 소지 최소화
  - ▶ 다년간 축적된 데이터 분석, 예측, 통계를 통해 현재와 미래에 예상되는 문제점 (사업, 계약, 규격 등) 파악

◈ 제4단계 : 방위사업 정책지원 플랫폼 구축
  【빅데이터 + 고급수준 AI】

- 개념 : 청 보유 데이터 ⇒ (고급수준 AI)
  ⇒ **방위사업 정책업무 지원**
- 적용업무 : 정책업무 (중기계획, 예산편성, 소요적합도, 안보정세 분석, 새로운 무기체계 디자인 등)
- 기대효과
  - ▶ 적정 국방력 소요예산 중기계획 편성 시 활용
  - ▶ 소요군 및 미래 전장환경 적합 무기체계 요구도 제시
  - ▶ 주요 정책결정·판단 지원 자료 제공

국방 문민화와 核 평화

초판 발행 2025년 3월 5일

지은이 이정용
펴낸이 방성열
펴낸곳 다산글방

출판등록 제313-2003-00328호
주소 서울특별시 마포구 동교로 36
전화 02-338-3630
팩스 02-338-3690
이메일 dasanpublish@daum.net
　　　　iebookblog@naver.com
홈페이지 www.iebook.co.kr

ⓒ 이정용, 2025, Printed in Korea

ISBN 979-11-6078-342-1 03390

* 이 책은 저작권법에 의해 보호받는 저작물이며, 저자와 출판사의 서면 허락 없이
  내용의 전부 또는 일부를 인용하거나 발췌하는 것을 금합니다.
* 제본, 인쇄가 잘못되거나 파손된 책은 구입하신 곳에서 교환해 드립니다.
* 책값은 뒤표지에 있습니다.